# 如何"假装"懂葡萄酒

## 懂葡萄酒

### 葡萄酒漫画小百科

飞乐鸟 著

U0113621

人民邮电出版社

北　京

## 图书在版编目（CIP）数据

如何"假装"懂葡萄酒：葡萄酒漫画小百科 / 飞乐
鸟著. -- 北京：人民邮电出版社，2024.4
ISBN 978-7-115-63139-8

Ⅰ. ①如… Ⅱ. ①飞… Ⅲ. ①葡萄酒－通俗读物
Ⅳ. ①TS262.6-49

中国国家版本馆CIP数据核字(2023)第225336号

## 内 容 提 要

葡萄酒如人一样，要经历出生、幼年、青年、中年、老年和死亡的过程。当你打开一瓶葡萄酒，它的味道一定和在其他任何一天打开的时候有所不同。葡萄酒的这种特质，总是勾起人们的好奇心，让人想去了解它的前世今生。

与人一样，好酒也需要遇到懂得欣赏它的人。本书是一本科普葡萄酒知识的漫画绘本，漫画主人公为品酒师陈先生和他的小猫咪阿饼。书中不仅讲述了葡萄酒的由来和发展，品鉴方法、相关的餐桌礼仪，还介绍了葡萄酒相关的各类酒具的用法、葡萄酒选购技巧、保存方法和配餐要点，以及各大产区的代表性产品等。

为读者生动地讲述有关葡萄酒的一切，是本书的宗旨。不是每个人都有机会成为品酒师，但是本书能让每位喜欢葡萄酒的读者具备和品酒师一样的知识，让你不再只是"喝"葡萄酒，更能幸福地"品"出葡萄酒的韵味。（注意：本书旨在科普葡萄酒常识，读者须根据当地法律、个人身体状况消费和饮用葡萄酒。）

◆ 著　　　　飞乐鸟

责任编辑　宋　倩

责任印制　周昇亮

◆ 人民邮电出版社出版发行　　北京市丰台区成寿寺路 11 号

邮编　100164　 电子邮件　315@ptpress.com.cn

网址　https://www.ptpress.com.cn

天津裕同印刷有限公司印刷

◆ 开本：880×1230　1/32

印张：7.5　　　　　　　　　2024 年 4 月第 1 版

字数：384 千字　　　　　　 2024 年 4 月天津第 1 次印刷

定价：59.80 元

读者服务热线：(010)81055296　印装质量热线：(010)81055316
反盗版热线：(010)81055315
广告经营许可证：京东市监广登字 20170147 号

# PREFACE
## 前言

最近，我们团队出现了一个新的讨论话题：葡萄酒，谈起它来大家总是饶有兴趣，滔滔不绝。

经过调查，我们注意到当代消费者对于酒的需求，尤其是年轻一代早已不再崇尚"感情深，一口闷"，而是更加注重健康和品味。于是，葡萄酒成为大家的首选。近年来，中国的葡萄酒行业发展迅速，不仅有了很多优质的本土酒庄，中国还成为世界第五大葡萄酒消费国，预计未来葡萄酒的消费量还会上涨。不过，在小伙伴们聊天的过程中，我发现许多人对葡萄酒的认知还不够，对怎样选择、保存葡萄酒等知识都不太了解，甚至还闹出了笑话。

终于，团队的头脑担当——编辑部出马了！

"不如，我们做一本关于葡萄酒的书吧！""不错，最好一看就懂，看完就会！"可是，做成什么样呢？我们讨论（争执）不断。最终，我们决定做一本适合大众阅读的葡萄酒科普书。我们希望，通过本书读者可以轻松地了解到关于葡萄酒的一切，成为葡萄酒专家。

带着这个目的，我们从葡萄的历史、采摘、酿制、发酵、窖藏，到葡萄酒的选购、保存、运输，再到葡萄酒佐餐、品饮等，进行了360度全方位的讲解，全书共分为七章，可谓事无巨细，具有很强的指导性。除了中国，我们还讲解了法国、意大利、葡萄牙、美国、澳大利亚等国的葡萄酒发展状况，为大家建立起了解葡萄酒的国际视野。

值得一提的是，我们还设计了一个人物角色和一只猫咪，由他们带领我们一起走进葡萄酒的世界。希望大家读得开心，读有所得！

飞乐鸟

# CONTENTS
# 目 录

第一课 | 葡萄酒的"个性资料"

## 第二课 | 品鉴葡萄酒的"摩斯密码"

# 第四课 | 嘘！偷偷告诉你葡萄酒的保存秘诀

# 第五课 一瓶葡萄酒，助你成为社交小达人

## 第六课 | 酒要这样喝，菜需如此配

# 第七课 | 秘密基地之葡萄酒的产区

阿饼，走咯！

走咯！陈先生，我们从哪儿讲起呢？

就从葡萄酒那上千年的历史开始讲起吧！

人类史上鼻子最灵敏、嗅觉最灵敏的品酒师——陈先生。甭管什么酒，只要经过陈先生的品鉴，身份分分钟暴露！

已经陪伴陈先生5年的猫咪，阿饼。作为一只品酒师的猫，阿饼的志向是："做全世界最懂酒的猫！"

第 一 课

葡萄酒的 "个性资料"

# 葡萄酒的前世今生

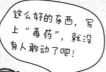

*many, many months later*
......

## 葡萄酒的漫长发展史

葡萄是怎么走进酒的世界的？谁是那个第一个"吃螃蟹"的人？

传说在古代的波斯帝国，国王非常喜欢吃葡萄。可是葡萄不是随时都可以吃到的，于是国王就想出了一个主意。他在盛产葡萄的时节把葡萄放进大罐子，并将罐子密封好。为了防止被人偷吃，还写上了"毒药"二字。

国王日理万机，不仅忘记了吃葡萄，连心爱的妃子也没时间陪。"我的爱情，我的爱情要枯萎了！"妃子心如死灰，想寻短见，凑巧看到了这个罐子。打开一看，那古怪的颜色倒也确实很像毒药，"喝吧！"

说来奇怪，妃子喝了"毒药"后非但没死，反而感觉飘飘欲仙，心情很好。她告诉了国王，国王听后大为惊奇，一试，果然如此。这似黑似红的液体喝起来味道甜美，香气馥郁，非常好喝！自此，葡萄酒便产生了并广为流传。

当然这只是一个传说，关于葡萄酒的起源众说纷纭。但根据考古发现，葡萄酒大概起源于公元前 7000—5000 年。

不过，葡萄酒的"童年生活"却过得不是那么好……

公元前 6 世纪，葡萄和葡萄酒传入高卢（即现在的法国）。罗马人把葡萄园从高卢南部逐渐扩大到最北部边界。基督教徒是这个过程中高卢葡萄园与葡萄酒的忠实推广者。此后，随着罗马帝国的扩张，葡萄栽培和葡萄酒酿造技术迅速传入欧洲其他地区，并得以快速发展，以至于欧洲人视其为"生命之水"。随后，罗马帝国的衰败和欧洲中世纪的"黑暗时代"禁锢了葡萄和葡萄酒的传播，葡萄和葡萄酒的历史近 1000 年停滞不前。

15 ～ 16 世纪，跟随探险家们的步伐，葡萄和葡萄酒的传播速度加快。哥伦布发现新大陆后，欧洲的葡萄开始传入美洲。

1861 年，加利福尼亚开始出现葡萄园，但由于根瘤蚜、霜霉病和白粉病的侵袭及当地气候条件的影响，葡萄园几乎全部被毁。直至 19 世纪中期，采用嫁接技术使欧洲葡萄获得了根瘤蚜抗性，这才让美洲的葡萄种植业和酿造业逐渐发展起来。

18 世纪初，葡萄栽培和酿酒业已经非常发达，法国、西班牙、葡萄牙等欧洲国家成为了垄断葡萄酒贸易的国家。与此同时，葡萄向东传到我国。

19世纪，葡萄和葡萄酒传入南非、澳大利亚、新西兰、日本等国。现在，葡萄酒几乎遍布全世界。

## 葡萄酒的灵魂：单宁

喝葡萄酒的时候，你有没有感觉到有点涩？有的人第一次喝葡萄酒的时候甚至会被这种涩味劝退。

这就是单宁在起作用！单宁是一种常见的酚类化合物，存在于植物、种子、叶子、木材等和未成熟的果实中。单宁在红葡萄酒中含量较高，饮用时会给人涩的感觉，是红葡萄酒独特口味的重要来源。

 ## 葡萄酒中的单宁主要来自这两个地方：

葡萄皮、籽和梗中富含单宁。你可以试试吃葡萄时不吐皮也不吐籽，认真地咀嚼，那种又苦又涩的感觉，就是单宁最直观的表现。

橡木中也富含单宁。所以，葡萄酒在陈年过程中，橡木中的单宁会慢慢地渗透到葡萄酒中，使得葡萄酒保持良好的口感。

单宁可是个好东西！

## 决定着葡萄酒的品质

富含单宁的葡萄酒口感丰富饱满，酒味醇厚。而含单宁较少的葡萄酒，酒体稍显单薄，会失去层次感。

## 建立葡萄酒的骨架

单宁能为葡萄酒建立"骨架"，使得酒体结构稳定，坚实丰满。它还能与酒液中的其他物质发生反应，增加酒体的复杂性。

## 防腐，抗氧化

单宁有很好的抗氧化作用，这样，葡萄酒在陈年过程中就不会太快成熟而变酸，可以保存更久。

## 美容功效

单宁具有抗皱保湿的功效。我们常说喝葡萄酒可以养颜，其实就是其中含有的单宁在起作用。

所有的葡萄酒都含有单宁，只不过相比红葡萄酒，白葡萄酒的单宁含量低得多，喝起来几乎没有涩感，比较小清新，这也让很多人误以为白葡萄酒中没有单宁。

不过，单宁虽然很重要，却并不是越高越好哦！葡萄酒的风味是糖分、酸度和多酚类物质达到和谐的结果，融合才是美味。

## 橡木桶与葡萄酒的缘分

橡木桶是酿造葡萄酒的重要工具。17世纪，英国酒商为了逃避政府制定的麦芽税，制造了大小不一的橡木桶，将酒水储藏在山洞里。一年以后，他们取回了橡木桶，却发现酒水不仅没坏，味道还变得更好了！

这是因为橡木中的单宁，能让葡萄酒在短时间内变得更加香醇，使饮用者在品尝时除了能感受到葡萄自带的风味，还能感受到更多怡人的香气，可谓锦上添花。

用橡木桶陈年葡萄酒时需要先烘烤，然后才能进行窖藏。

**①烘烤橡木桶**
烘烤橡木桶的内壁，木板弯曲才能做成桶，也是提升风味的关键步骤。

好暖和...

**②陈酿发酵**
一般来说葡萄酒陈酿时间至少要在桶内存放六个月，质量要求越高，葡萄酒陈酿时间越长。

请尝尝我亲手酿的红葡萄酒吧！

**③澄清，装瓶，享用**
陈酿好的葡萄酒一般要换桶过滤掉酵母、碎屑等，澄清葡萄酒之后，就可以装瓶享用啦！

一个好的橡木桶对葡萄酒品质的影响大着呢！

- **提高葡萄酒的口感**

  橡木桶透气，可以柔化单宁，让葡萄酒的口感更为柔和，酒液也更加澄清。

- **改变葡萄酒的颜色**

  陈年后，葡萄酒的颜色会变淡；白葡萄酒的颜色会变深。

- **给予葡萄酒不同的风味**

  橡木桶不同的烘烤程度会给予葡萄酒不同的风味，比如焦糖味、奶油味、香草味、坚果味等等。

我是重口味！经过重度烘烤酿造的酒才是我的最爱！

具有这些**优点**才可以做橡木桶！

有较强的抵抗微生物和害虫的能力！

木质要均匀，且液体不容易渗透！

木质要紧实，且富有弹性！

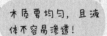

## 不是谁都能做橡木桶

世界上有 250 多种橡木，可以做成橡木桶的并不多。比如红橡木，木质多孔，就不具备做橡木桶的资格。

生长于法国等欧洲国家的卢浮橡和夏橡，生长在美国的白栎是酿酒师喜欢的橡木品种，光荣地承担了制作橡木桶的使命！

# 葡萄酒的酿造过程

葡萄成熟了，就到了转变为瓶中美酒的时刻了！一颗颗葡萄果实如果想要变身为葡萄酒，需要经过复杂的过程，还需要时刻监督温度、湿度等。简单来看，主要有以下几个步骤。

## 1、采摘葡萄

首先，你需要把葡萄成串地摘下，带它们"回家"。传统采摘方式是用手摘，现在也有用机器采摘的。

## 2、筛选

腐烂的、干枯的葡萄是不具备作原料的资质的。叶子和叶柄也要清除掉。

## 3、破碎、去梗

用去梗机去掉葡萄的梗（不用清洗），然后轻柔且缓慢地将葡萄破碎，以提取出葡萄中柔和的单宁。

## 4、发酵

在破碎好的葡萄里加入特制的酵母，把葡萄里的糖分转化为酒精，等待葡萄酒的形成！

## 5、压榨

发酵结束后已经产生了80%的葡萄酒，但是葡萄皮中还会残留一些，需要把这些葡萄皮再压榨一次。（不能浪费嘛）

你在这儿待多久了？　你猜

## 6、陈酿（熟化）

发酵结束，葡萄酒正式诞生！这时要将葡萄酒放入橡木桶陈酿，等待酒的进一步熟化。熟化几个月到几年都有可能。

## 7、澄清、装瓶

陈酿时间到了，终于可以澄清酵母等杂质，然后装瓶。至此，葡萄酒的酿造就正式结束了！

不用担心，酒精会杀死细菌！而且脚踩后的葡萄酿造的葡萄酒喝起来会更柔和，不过嘛，效率有点低。

很早以前，人们用脚踩来破碎葡萄。

啊，我还是喜欢工业破碎……

### 自酿葡萄酒，有乐趣也有风险

*Do you know?* 你知道吗？

喜欢动手的朋友有没有心痒地想试试自己酿酒？不过，出自你手的葡萄酒很有可能真的成为毒药！

自酿葡萄酒，无法保证葡萄的新鲜，在酿造过程中容易滋生细菌，还有可能甲醛过量，导致饮用后中毒。另外，自酿葡萄酒容易发酵不彻底或多次发酵，导致容器炸裂，会搞得家里一片狼藉，还可能因此受伤。要知道，对于专业酿造者来说，所有环节的温度、湿度等都在掌控之中。所以，最好不要自己在家随意操作哦！

# 葡萄酒的基本资料

## 葡萄酒的身份证：酒标

市场上的葡萄酒种类繁多，令人眼花缭乱，如何快速找到想要的酒？

其实我们可以从酒标入手，它就像葡萄酒的身份证，包含了这瓶酒的许多信息。

- 葡萄酒类型
  一级葡萄酒

- 年份
  葡萄采摘年份

- 列级信息
  酒庄的等级层次

- 酒精含量

- 装瓶信息
  在酒庄内完成灌装装瓶

- 酒庄名
  玛歌酒庄

- 酒庄图标
  玛歌酒庄城堡图像（法国）

- 净含量

- 法定产区名

- 生产商

MIS EN BOUTEILLE AU CHÂTEAU
CHÂTEAU MARGAUX
GRAND VIN
1996
PREMIER GRAND CRU CLASSÉ
12.5% vol.    75cl
MARGAUX
APPELLATION MARGAUX CONTRÔLÉE
SCA CHÂTEAU MARGAUX PROPRIÉTAIRE A MARGAUX - FRANCE

从这个酒标我们可以知道，这是一瓶法国玛歌酒庄于1996年酿造并装瓶的一级葡萄酒，750mL，酒精度数为12.5度。

一级？葡萄酒还分等级？

## 葡萄酒的两个世界

葡萄酒发展历史悠久，不断有新的国家加入酿造葡萄酒的队伍。于是人们把葡萄酒酿造历史较长的国家称为"旧世界"，比如法国、意大利、西班牙、葡萄牙；最近一两百年兴起的葡萄酒生产国称为"新世界"，比如中国、美国、澳大利亚、新西兰、阿根廷。

> 我们采用传统手艺，品质好！

> 我们采用机械化管理，产量高！

因为受到手工工艺和相关法规的限制，相对来说产量较低，酒庄规模较小。酒也越来越珍贵。

葡萄酒口感优雅醇厚，含蓄。

酒标复杂多样，通常以产区来命名。

生产酒厂往往规模较大，产量高，没有严格的产地限制。

突出酒的果香与明悦的风格，酒体饱满，酒精度更高。

酒标简单直接，会直接写明酒庄或品牌。

 VS

旧世界

新世界

> "旧世界"严格的等级

### 以大部分地区为例：

为了配合欧盟标记等级的标注形式，法国自2009年通过法案，取消了原有的vdqs等级，vdt更改为vdf等级，vdp更改为igp等级，aoc更改为aop等级。现在市面上流通的2012年以前产的葡萄酒还在酒标上执行老的等级标注方式。

勃艮第地区有自己单独的分级制度：勃艮第作为"风土（Terroir）"这一词汇的发源地，当地果农也根据风土的优越程度将葡萄园从低到高划分为大区级（Regionale）、村庄级（Village）、一级园（Premier Cru）和特级园（Grand Cru）4个等级。

> 这款IGP级别的嘉乐堡赤霞珠珍藏干红葡萄酒，喝着真不错！

**看酒瓶知出处**

嗯……

一些著名的产区会用特别的酒瓶与其他产区进行区分。所以，看酒瓶的形状也能知其一二，帮助我们选择。

**波尔多瓶**

瓶身瓶肩较高，是比较常见的葡萄酒瓶之一。在法国，只有波尔多酒区的葡萄酒才能使用这种酒瓶，因此得名。

**勃艮第瓶**

瓶肩窄，瓶身圆润且呈流线型，重心在下。加利福尼亚地区的勃艮第葡萄酒、霞多丽酒和黑皮诺酒常用这种瓶形。

**笛形瓶**

瓶身为棕色且修长高瘦，德国酒瓶大多数是这种形状。由于使用很广，所以并不能准确地反映瓶内葡萄酒的品种和品质。

**香槟瓶**

瓶身有个胖胖的肚子，瓶壁较厚，比一般的酒瓶坚固，因为香槟酒会产生气泡和压力，在相互碰撞中容易破裂。

## 巴克斯波以透瓶

来自德国的弗兰肯，瓶身扁矮敦厚、方便携带。仅能在弗兰肯产区、特劳伯弗兰肯、巴登等地使用。

## 冰酒瓶

主要来自加拿大和德国，瓶身极其细长高瘦，因产区限制，产量少，成本高，所以冰酒的酒瓶容量都是375mL，凸显价值。

## 加强酒瓶

瓶身直径更大，瓶肩更明显，瓶身颜色更深，可以存放几十年甚至更久，常见的加强型葡萄酒有：马德拉酒、雪利酒、波特酒。

## 普罗旺斯瓶

主要应用于粉红葡萄酒，玻璃瓶身，形状类似于保龄球球瓶像极了窈窕少女，缤纷多彩、形状各异，让人不喝酒就很享受了。

> 阿饼，要记住，挑选葡萄酒时可不能只看酒瓶的颜值哦！

## 葡萄酒的分类

葡萄酒的种类繁多，也有着不同的分类标准，主要有以下几种分类方式。

**根据颜色**

### 桃红葡萄酒

桃红葡萄酒也用红葡萄酿制，在酿造过程中葡萄皮与葡萄汁接触的时间比较短，是淡淡的桃红色。不过，不是所有桃红色的葡萄酒都称为桃红葡萄酒，比如仙粉黛白葡萄酒，也是粉红色的，却属于白葡萄酒。

### 红葡萄酒

红葡萄酒用红葡萄酿制，酒的颜色来自葡萄皮中的红色素，可能是宝石红、紫红，也可能是深红，但它们都是红葡萄酒。

### 白葡萄酒

白葡萄酒是用白葡萄酿制而成的，它的皮不含色素，所以酒体呈现浅黄色。你看到的酒或许有一点浅黄，有一点淡绿，但是它们都是白葡萄酒。

我们可以说红酒是葡萄酒，但不能说葡萄酒就是红酒。

**根据甜度（含糖量）**

葡萄酒里糖的含量和口感用干和甜来表达，初饮者可以选择甜一点的酒，避免造成对葡萄酒又酸又涩的印象。

| 干 | 半干 | 半甜 | 甜 |
|---|---|---|---|
| 每升葡萄酒中的糖分含量低于4克。 | 每升葡萄酒中的糖分含量在4~12克之间。 | 每升葡萄酒中的糖分含量在12~45克以上。 | 每升葡萄酒中的糖分含量在45克以上。 |

## 四大"小甜水"

### "黄金液体"贵腐酒

用感染贵腐菌的葡萄酿成，口感甜蜜浓厚，陈年时间长（质量好的能窖藏半个世纪），价格不菲，被称为"黄金液体"。

### 姗姗来迟的晚收酒

如果采摘时间延长一两个月，葡萄就会干缩，糖分含量异常丰富，酿出的晚收酒甜度高。德国的晚收甜酒很有名。

### "零度产儿"冰酒

要酿制冰酒，必须采摘零下7度以下、在树上自然冰冻的葡萄，并在结冰状态下压榨。入口圆润、甘甜。

### 浓烈的加强酒

在酿造过程中或酿造完加入烈酒白兰地，提高了酒精度数和甜度。所以加强酒更容易醉，切勿多饮哦。

它们都是甜型葡萄酒，一般用于搭配甜点。

## 文静的静止葡萄酒

也叫无泡葡萄酒，是用最常见的方法酿造出来的，产量也最多。我们已经介绍过的红、桃红和白葡萄酒都是静止葡萄酒。

## 浓烈的加强型葡萄酒

加强型葡萄酒在制作时会加入烈酒白兰地。通常情况下，白兰地指的是由葡萄作为原材料经过蒸馏后获得的高度酒。当然也有苹果、樱桃等其他水果制作成的风味白兰地，但名气都不如葡萄白兰地大。白兰地被人们称之为"葡萄酒的灵魂"。世界上主要有三大加强型葡萄酒，分别来自西班牙和葡萄牙。

**雪利酒/Sherry**

雪利酒来自西班牙，主要采用帕洛米诺（Palomino）葡萄制成，几乎所有雪利酒的基酒都是干型、中性且低酸的白葡萄酒。

**白葡萄酒**

**马德拉酒/Madeira**

源自葡萄牙南部大西洋中的马德拉岛，被称为"不死之酒"，品质高的甚至可以存放300年！马德拉酒的风味呈现为坚果核桃的氧化风味，还带着鲜咸的口感。

**波特酒/Port**

波特酒味道甜美，酒精度较高。不论是葡萄种植还是酿造过程，都必须在葡萄牙的杜罗河谷（Douro）内的法定地区完成。

# 葡萄起泡酒

## 咕噜冒泡的起泡酒

起泡酒也叫汽酒，打开时就像可乐一样有很多气泡，这是因为酿酒师在酿造过程中"耍了一点小把戏"，最具代表性的是法国香槟地区产的香槟葡萄酒。此外，还有西班牙的卡瓦（Cava）、意大利的阿斯蒂（Asti）等，表现也十分优秀。

### 起泡酒制作过程

去除了酒中的沉淀物和杂质后，酿酒师通常会在酒中加入不同产区和不同年份的其他酒类，以调制出不同风味的酒。

之后加入酵母和糖分，让酒二次发酵。糖分发酵会产生很多二氧化碳气体，在封闭的橡木桶里无处可去，就形成了气泡。

## 起泡酒的优秀代表：香槟

香槟（Champagne），它的名气太大，俨然成了起泡酒的代名词。但香槟准确来说是注册商标，只是起泡酒的一种。那么，香槟酒是如何在众多起泡酒中杀出重围的？

首先，从地理位置上来说，香槟产区气候凉爽，阳光普照，雨水充足，这些正是酿造起泡酒的绝好条件。

其次，其独特的白垩土质有着储存热量、水分，并提供特有矿物质的特点，利于葡萄生长，让这里的香槟酒有着与众不同的口感。

为了保证品质，只有黑皮诺（Pinot Noir），莫尼耶皮诺（Pinot Meunier）和霞多丽（Chardonnay）三种葡萄能酿制香槟酒。

## 酩悦香槟 (Moet&Chandon)

创建于 1743 年，坚持采用最上乘的葡萄酿造，保证了酒色的晶莹剔透，香气的浓郁。它曾被拿破仑称赞为"皇室香槟"（Imperial），至今也是欧洲很多王室的香槟首选。

## 泰亭哲香槟 (Taittinger)

创建于 1734 年，其前身为法国香槟第三老牌"福利斯特－弗尔诺"（Forest Etfourneaux）香槟。酒的颜色金黄，口感清新，气泡持久，是香槟珍藏人士的优选。当年，英国查尔斯亲王与黛安娜王妃的婚礼宴会上使用的就是泰亭哲香槟。

## 凯歌香槟 (Veuve Clicquot)

创建于 1772 年，坚持全手工采摘和挑选葡萄，保证了其品质。最先发明了摇瓶、除渣技术，对香槟的酿造工艺贡献巨大。

## 库克 (Krug)

创建于 1843 年，至今延续着家族世代相传的经营模式。口感细腻精致，气泡细密，风味独特。香槟的储存年份一般不超过 20 年，而库克是少有的可以窖藏超过 50 年的品种。

## 香槟的年份

我们在市面上看到的大多数香槟酒都没有注明年份，一般是使用不同年份、不同地区的酒调配而成的，叫作无年份香槟酒。虽然法定储藏时间为 18 个月，但是人们常常会储藏 1～3 年不等。而年份香槟是使用当年的葡萄酿制而成的，不加入其他酒勾兑，一般储藏时间为 3 年以上。

年份香槟因为其储藏的时间更长，使得香槟的口感更加浓郁，香味更加绵延。

阿喵，你不是喜欢清凉口感的酒吗？很多无年份香槟很适合你，而且价格也很划算。

是的，无年份香槟口感虽然没有年份香槟的浓郁，但是其清爽、活泼的口感也很不错。

### 香槟的糖分和分级

天然干（Brut Nature）、极干（Extra Brut）、干（Brut）、半干（Extra Dry）、微甜（Sec）、半甜（Demi-Sec）、甜（Doux）。常见的是干型和半甜型香槟。

 香槟产区有自己独特的分级制度，即：特级园（Grand Cru）、一级园（Premier Cru）、无等级村庄（Cru），这种分级制度在 2010 年被法国政府废止使用。但对于酒商与酒农来讲，分级依然有一定的参考价值，所以仍有许多酒农会在酒标上标注分级信息。

## 开香槟（起泡酒）的技巧

你是这样开香槟的吗？

香槟等起泡酒是生日聚会、庆功宴的搞气氛利器，但如果不是为了搞气氛，我们更建议你用以下的方法开起泡酒，这样不会浪费酒，也更安全！

## 或许我们可以这样开香槟：

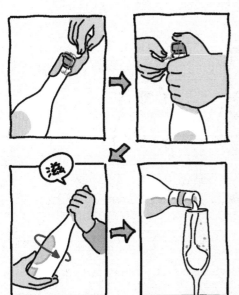

① 先剥去瓶口的锡纸，并保持瓶身45°倾斜，避免泡沫溢出。

② 大拇指按住瓶塞，把金属条扭开。

③ 扭开之后用手托住瓶底，然后慢慢旋转酒瓶（不是旋转瓶塞），听到滋的一声，酒就开好啦！

④ 如果香槟酒刚被摇晃过，可以放一会儿，让它平静下来。或者把它放入一半是冰水一半是冰块的桶中冷却，可以快速降温。

# 成为葡萄酒优秀毕业生的两大要素

##  可遇不可求的好年份

年份是决定葡萄酒品质的重要因素之一。不过要注意，酒标上的年份是指葡萄采摘的年份，不是葡萄酒出厂的年份。

有了这些条件，就是好年份！

首先，整年里要有足够的阳光照射日数和时数，尤其是红葡萄酒。如果阳光不够充足，葡萄外皮就无法产生大量的红色素，酿出来的葡萄酒色泽便不够漂亮。其次，还要有适当的雨水灌溉。

1996年，法国波尔多产区气温极低，但阳光充足，酿造的葡萄酒具有独特的波尔多古典风味！

这么说，葡萄酒也是个靠天吃饭的产业啊！

好年份的酒，糖度和单宁含量比较高，更适合陈年，让酒的口感更加饱满、丰富。相对差的年份，阳光照射和降雨量不够充足，葡萄的糖分含量不高，酿制的葡萄酒不适合陈年，口感相对清爽，对于喜欢清爽口感的朋友来说，也是个不错的选择。所以，不突出的年份出产的葡萄酒也不等于差酒。

## 那些特殊年份的酒之骄子

1. Château Mouton Rothschild 1945（木桐酒庄）

2. Château d'Yquem 1921（伊甘）

3. Château Latour 1961（拉图酒庄）

4. Domaine de la Romanée-Conti Richebourg 1959（罗曼尼康帝 - 里奇堡）

5. Domaine de la Romanée-Conti, La Tâche 1978（罗曼尼康帝 - 拉塔希）

6. Huet SA, Le Haut Lieu, Moelleux, Vouvray 1947（武弗雷）

7. Penfolds, Bin 60A 1962（奔富60A）

8. Château Pichon Longueville Comtesse de Lalande 1982（碧尚女爵庄园）

9. Domaine de la Romanée-Conti, Montrachet 1978（罗曼尼康帝 - 梦雪珍）

10. Jean-Louis Chave, Cuvée Cathelin, Hermitage 1990（路易莎夫酒庄）

自从周润发在电影《赌神》中说了这句台词，"82年的拉菲"在中国就开始普及，甚至成了名贵红酒的标签。"82年的拉菲"究竟有多神奇？

拉菲酒庄位于法国波尔多地区，是世界五大顶级酒庄之一，而1982年恰好是个难得的好年份，葡萄的品质极佳，所以"82年的拉菲"非常出名，连空瓶的回收价都能达到4000元以上。不过，据统计，当年的总产量大概有20万瓶，大部分已经被收藏。所以，如果你随便就喝到了一瓶"82年的拉菲"，请小心。

## 优良的葡萄品种

要酿造好的葡萄酒，当然少不了好葡萄！其实，世界上有1000多种葡萄，每一种葡萄都各有特色，很难说哪个品种好，只能说哪个品种你更喜欢。不过，在这么多的品种中，不是所有的葡萄都可以酿出好酒的。

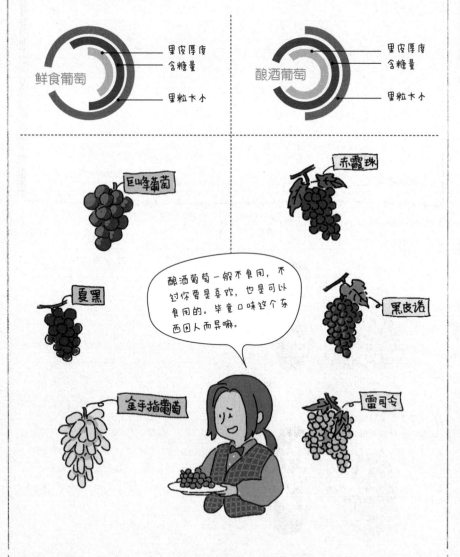

# 常见的酿酒葡萄品种

**Cabernet Sauvignon** 赤霞珠、苏维翁

单宁酸含量较高，因此常用来与其他葡萄相混合，是原产于法国的贵族葡萄。

**Gamay** 佳美、黑佳美

本身的单宁酸含量较高，但是酿制出来的葡萄酒单宁酸含量较低。涩味轻，果香浓郁，是初次饮用葡萄酒者的好选择。

红葡萄代表种类

**Pinot Noir** 黑品诺、黑皮诺

酒精含量较高，单宁酸含量适中，有浓浓的水果味。因为其对气候和土壤的要求非常严格，所以产量很受限制。

**Syrah/Shiraz** 西拉、设拉子

起源于法国的罗纳河谷。酒液的颜色深沉，具有浓郁的果味和较高的酒精度。对于喜欢浓郁红酒人来说，非常诱人。

**Merlot** 梅露、美乐

酿制出来的酒颜色较深，酒精含量高，单宁酸含量低，是法国古老的酿酒品种，常用作提高酒的果香和色泽。

**Chardonnay** 霞多丽、莎当妮

现在广泛种植的白葡萄，也是酿制香槟酒的主要葡萄品种之一。

**Sauvignon Blanc** 长相思、白苏维翁

酸度较高，口味清爽，带有草木的味道，多数没有橡木的味道。

**Chenin Blanc** 白诗南

酸度较高，带有果香。酿制出来的酒品质好，颜色浅黄，酸度丰富，果香浓郁，在法国是酿制甜白、干白、气泡酒的优良品种。

**Italian Riesling** 雷司令

酿制出来的酒颜色浅黄，果香浓郁，口感清爽，回味悠长，是酿制优质白葡萄酒、香槟酒和白兰地的优良品种。

白葡萄代表种类

**Semillon** 赛美蓉

原产于法国波尔多，是世界上种植面积最为广泛的白葡萄品种之一，20世纪80年代从德国引入中国，是贵腐酒的主要酿酒品种。

# 葡萄酒的正牌与副牌

正牌、副牌既不是葡萄酒的名称，也不是产地的名称，而是酒庄生产的葡萄酒的不同类型。

在各国葡萄酒中，使用这两个词最多的是法国，尤其是波尔多产区。18 世纪，法国波尔多众多酒庄的商业化程度不断提高，很多酒庄为了维护自身葡萄酒的品质与价格，巩固品牌地位，便把精挑细选出来的、品质高的葡萄酿造出来的酒称之为"正牌酒"。出现以下状况的就归为副牌酒，甚至是三牌酒。

**1** 葡萄质量还未达到正牌酒生产标准，但也可以使用的，会用于酿造副牌酒。

**2** 树龄不够。一些庄园要求严格，生产正牌酒的葡萄树要在 10 ～ 15 年以上，所以，前几年的果实就会用于酿造副牌酒。

**3** 正牌酒发酵完成后，发现有一部分酒质没达标，品鉴后可能会将其作为副牌。

副牌酒是不是真的很差劲?

肯定不是的。副牌与正牌酒很可能来自同一个酿酒师,用相同设备和方法酿造,所以风味和品质并不会大相径庭。

还有一点,正牌酒品质好,但价格较贵,副牌酒就要划算多了!

## 拉图酒庄

| 正牌 | 副牌 | 三牌 |
|---|---|---|
| GRAND VIN DE CHATEAU LATOUR PREMIER GRAND CRU CLASSÉ 2001 PAUILLAC | LES FORTS DE LATOUR 2000 PAUILLAC | PAUILLAC 2004 |
| 拉图庄园,别称 "大拉图" | 拉图堡垒,别称 "小拉图" | Pauillac |

原来如此。我还是喝副牌酒吧,也不错!(主要是买不起正牌酒啊……)

## 拉菲酒庄

| 正牌 | 副牌 |
|---|---|
|  |  |
| 拉菲古堡,别称"大拉菲" | 拉菲珍宝,别称"小拉菲" |

## 玛歌酒庄

| 正牌 | 副牌 | 三牌 |
|---|---|---|
|  |  |  |
| 玛歌庄园 | 玛歌红亭 | Margaux de Château Margaux |

第二课

品鉴葡萄酒的
"摩斯密码"

# 葡萄酒的"成长"

葡萄酒装瓶后，就好像一个人一样，进入了它的成长期，这就是我们常说的葡萄酒的成长（成熟）。装瓶后，陈酿时间不长的酒便是年轻的新酒，一般口感相对清爽。陈酿时间较长的是老酒，口感较柔和。随着成长时间的变化，颜色和香味也会发生变化。

##  葡萄酒成长过程中的颜色变化

葡萄酒成长过程中，无论是白葡萄酒还是红葡萄酒，颜色都会逐渐加深。如果是品酒的话，根据颜色我们就能判断一二。

# 葡萄酒成长过程中的香气变化

随着葡萄酒的成长，葡萄酒的香味也会发生变化。从一开始本身带有的果香慢慢转变为长时间陈年的特殊香味。

**白葡萄酒**

经历了时间的磨炼，渐渐转变为果酱香味或者较为香甜的蜂蜜味。

接下来就会出现杏仁、核桃等干果的风味或者药草的味道。

大部分的白葡萄酒在年轻时会发出花香和果香。

较老的酒就会出现肉桂等香料的味道或者松露等菌类的味道。

**红葡萄酒**

成长一段时间后，增加了了香料味、麝香味、蕨类等植物气味或者咖啡味。

等等，不是用葡萄做的酒吗？怎么会有这么多味道？？

最初也是红葡萄本身的鲜果香味。

稍后，会出现烟草、茶叶、矿物质香味。

后续又会出现丰富浓郁的果香。

**葡萄酒的多重香气**

这就是葡萄酒的奇妙之处。因为不同的葡萄品种、发酵过程、陈酿时间等，葡萄酒会有多种多样且非常复杂的香气。喝酒时，你需要细品。

葡萄的香气主要可以分为三类。

花 香

薰衣草

洋甘菊

橙花

紫罗兰

玫瑰

**1** 一类香气

也叫作品种香气，是每种葡萄酒都具有的香气，来自葡萄果实本身。最常见的就是果香和花香，在一些年轻的新酒中尤为突出。

果 香

甜瓜

树莓

草莓

黑加仑

苹果

梨

## ❷ 二类香气

也叫发酵香气，是葡萄汁在发酵时产生的香气。常见的有橡木桶带来的烟熏、烘烤等香味，也有酵母带来的一些奶酪的香气。

乳制品

奶酪      黄油

酵母类      橡木类

雪松

面包      肉桂

饼干

糕点      丁香      烟草

### 自然氧化（年轻时期）

杏仁、巧克力、咖啡、榛子等

## ❸ 三类香气

也叫作陈酿香气，是葡萄酒在陈酿过程中与氧气相互反应产生的香气；陈酿时间不同，香气可能也会不同，这就是葡萄酒成长过程中的香味变化。

### 陈酿发展

李子干、果酱、香蕉干、香料、麝香等

### 陈年橡木桶

汽油、烟草、蘑菇、雪松、蜂蜜、动物皮革、森林、茶叶等

# 葡萄酒行业的专业人士

 ## 品酒师——最专业的品质鉴定者

在葡萄酒行业，品酒师就是裁判般的存在。他们把感官当武器，闻香识味，应用感官品评技术，评价酒体质量，指导酿酒工艺、贮存和勾调，有的还会参与酒体设计和新产品开发。一个专业的品酒师，平均每年要品尝3000多种新酒，脑袋里还要保存成千种香气，就像是一个智能的香气保存库！

## 成为品酒师，要求很严格

"品酒师是不是都很能喝？"

这个说法不对。品酒师以味觉为武器，所以严格意义上，品酒师是不能多喝酒的。所以，无论是白酒品酒师还是葡萄酒品酒师，都不是酒量大者。

作为品酒师，他们每天要品尝很多酒，经过了大量训练才能成为一个口感敏感者。初学者刚开始往往都喝到舌头麻木了，"我还是觉得这些酒都是一个味儿啊，找不到有什么区别。" 而正式成为一名品酒师后，就要更严格地保护自己的嗅觉和味觉。不能抽烟，不能吃刺激性食物，比如辣椒、洋葱、大蒜等，基本就要对它们 "say goodbye" 了！品酒时不能化妆、喷香水，因为任何一丁点儿其他香味都会影响对香气的判断。

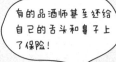

有的品酒师甚至还给自己的舌头和鼻子上了保险！

当然啦！万一出点意外，赚钱的家伙什儿都没啦！

品酒师资格证非常难考，截至 2017 年，全球仅有二百余名获得大师资格的品酒师。

如果你也想成为一名葡萄酒品酒师，那么你是需要通过考试来进行认证的。

我国认证的品酒师资格证主要有：英国 WEST 品酒师证书和美国 ISA 品酒师证书。

**英国 WEST 品酒师证书**　　　　　　　**美国 ISA 品酒师证书**

| | 4 级 | |
| 3 级 | | 高级 |
| 2 级 | | 中级 |
| 1 级 | | 初级 |

## 这口酒，不得不吐

如果你看过大型酒展的话，你会发现品酒师喝一口就会吐掉。
不了解的朋友，看到这一刻可能会疑惑，那么名贵的酒直接吐掉，
多浪费啊！难道他们是怕醉吗？

其实不是。对于专业的品酒师来说，品酒频繁，而且需要很高的专业能力。在一场品
酒会上，他们可能会喝上上百种葡萄酒。如果每次都喝下，他们可能真的会醉，就不
能给出专业的品酒结论了。严重的，过多饮酒，还可能会让品酒师罹患酒精性疾病。所以，
在专业大型的品酒会上，吐酒是专业行为。哪怕是经过多年酿制而成的美酒，酿酒师
也不会为此而生气。他们倒是可能会因为品酒师给出了不专业的结论而生气。

## 侍酒师——餐桌上的艺术家

侍酒师，专指在宾馆、餐厅负责酒水饮料的侍者。侍酒师需要掌握葡萄酒的基本知识，能够快速区分各类葡萄酒，熟练使用各类酒具侍酒，还能根据客人的需求，为客人挑选最合适的酒。总之，在一家餐厅里，侍酒师往往是最懂葡萄酒的那个人。

在餐厅里，他们的一个重要职责就是为客人侍酒。

在餐厅里，我们是这样为客人侍酒的。

**1** 帮助客人匹配适合搭配餐食的酒水。

**2** 客人下单后，呈上对应的酒杯。

**3** 向客人展示酒瓶，向客人复述酒标信息。

**4** 与客人一起品尝一小杯，检查酒水有无问题。

**5** 给用餐客人倒一点酒液，如果没有问题，选择合适的酒器进行醒酒。

**6** 然后按顺时针方向为其他客人倒酒，女士优先。

在用餐过程中，我们也要及时为客人添酒。

让我来教你开瓶个技巧。

| T型开瓶器 | 蝴蝶型开瓶器 | 酒刀 |
|---|---|---|
|  |  |  |
| 将螺丝锥旋入软木塞 | 将螺丝锥旋入软木塞 | 用附带的小刀割开酒帽 |
|  |  |  |
| 用力拔出 | 扳动两边的"蝴蝶翅膀"，向下压 | 将螺丝锥旋入软木塞，利用杠杆原理用力将木塞拔出 |
|  |  |  |
| 这种开瓶器比较费力，而且容易将软木塞弄坏。不过价格比较便宜，也是最古老的一种开瓶器 | 用杠杆原理将酒瓶打开。这种开瓶器比较方便省力，一般女生也可以轻易开酒 | 因为此工具小巧方便，深受餐厅侍者的喜爱 |

## 酿酒师——葡萄酒品质的保障者

指葡萄酒酿造过程中，从事指导生产工艺设计、参数控制等工作的人员，掌控着葡萄酒的品质。你可能会觉得酿酒师一定会拿着高脚杯，或是在酒窖里悠闲地踱着脚步，品味着葡萄酒的香醇；或是在成片的葡萄园里欣赏着葡萄美景以及呼吸着阵阵果香；或是在凉亭中、花园中与爱酒人士喝酒谈天，快活逍遥。然而他们的生活并不一定如我们想象一般。

**参与后续过程**

确定装瓶时间与数量，研发新酒，举办酒会等等。

**管理葡萄园**

比如剪枝、抓虫等，确保葡萄的生长质量。

酿酒师的工作真的很复杂！！

**执行酿酒的一切程序**

采摘、破梗、压榨等，让葡萄汁稳定地酿成酒。

# 酿酒师的生活

**Bruno Lemonie**——马爹利公司　**Colin Scott**——芝华士兄弟公司

首席酿酒师

首席酿酒师

布鲁诺·莱莫内（Bruno Lemonie）或许没有想到小时候的一瓶美酒开启了他与葡萄酒的不解之缘。

GO!

他一年中的大部分时间都用于在干邑最佳产区往返，品尝着上百种干邑。

你好厉害啊！可以记住那么多种味觉。

哪里哪里。

科林·斯科特（Colin Scott）有着与生俱来的灵敏嗅觉。甜味在他的嗅觉里还要划分为好多种，让人惊叹。

蜂蜜甜

水果甜

砂糖甜

而且对于创新，他也有着不同于别人的看法。比如中国人在威士忌中加入绿茶，他认为这是中国人非常有创意的举动。

喝酒只是人们享受生活的一种方式，只要是快乐的，怎么喝又有什么关系呢？

# 闻香识酒，嗅觉的考验

 ## 品鉴葡萄酒的最大考验——盲品

了解了葡萄酒的成长变化，现在就让我们像一个专业的品酒师一样，来试着品一品手上的这杯酒吧！记住，要盲品！根据酒给人的视觉、嗅觉、触觉等方面来评判酒的品质。

 颜色

白葡萄酒的颜色一般为浅黄色、金黄色或琥珀色等。

红葡萄酒一般为宝石红、石榴红、紫红、棕红、砖红。

桃红葡萄酒的颜色一般为石榴红、草莓红、胭脂红、鲑鱼色、玫瑰红、洋葱皮红。

 气泡

气泡是起泡酒区别于其他酒类的重要标志。打开后看到酒在咕噜冒泡，大概率是起泡酒了。

哇！气泡！

 液面

起泡酒的液面，气泡层消失以后，杯壁是干净的。不会像啤酒一样，气泡消失以后在杯壁上留下明显的痕迹。

啤酒：液面有沫

汽酒：液面洁净

## 观酒色，视线后的真实

不仅要知道颜色在成长中的变化，葡萄酒本身有哪些颜色也要熟记在心！

葡萄酒有由葡萄皮、果肉、酵母菌体等细小微粒组成的沉淀，一般在老酒中比较常见，年轻新酒中较少见。但如果沉淀物呈块状、凝固状就有可能是变质了，不太正常。

哪个是酵母菌呢？？

挂杯

轻轻摇晃杯中的葡萄酒（起泡酒除外），酒会在杯壁上留下痕迹。人们戏称为"葡萄酒的眼泪"，法国人更有意思，称为"葡萄酒的腿"。挂杯是因为酒中的酒精、糖分和甘油含量形成了黏稠物质，挂杯痕迹越多、越密、越粗且时间越长，代表酒的酒精、糖分和甘油含量越高，但不能成为判断葡萄酒质量好坏的标准。

## 闻酒香，空气中的微妙

越好的葡萄酒香气越丰富，越微妙。所以，品酒师在闻香时要分 2 次进行，像科学家一般精确，并仔细地与脑海中储藏的各类香气相对比。

### 一次闻香：

将鼻子伸进酒杯接近酒面，慢慢地感受葡萄酒最自然、纯粹的香味。这时，处于静止状态下的酒能呈现出酿酒葡萄品种带来的直观香味。

将酒杯微微倾斜，保持静止。

轻轻摇杯，再次闻香

### 二次闻香：

轻轻晃动酒杯，让酒与空气充分接触，散发掉酒中不好的物质，再将鼻子靠近酒杯。经过晃动，酒散发的香味会更加浓郁、复杂、均衡，这时，你可以体会到酿酒师的巧思。

## 品酒味，舌尖上的跃动

细心闻过了酒香的你，这个时候一定很想来上一杯葡萄酒，感受它带给你的快乐吧。看过、闻过都不如你真真切切地去品尝一杯葡萄酒，用你的舌尖去感受它吧，让那份美妙在你的舌尖舞蹈。

入口的酒量一般保持在 6 ~ 12 毫升之间，因为酒量太少会让你感受不到它的存在，太多会无法保持在口中。

在酒入口之前一定要保证没有牛肉、果汁等其他味道在你口中，你才能真正体会到它的存在。

口感细腻，单宁适宜，我喜欢！

让酒保持在口中 10 秒左右，不要急着吞下去，用舌头去搅动，让酒味溢满口腔，慢慢感受它的甜、酸、苦、涩变化以及润滑、厚重的质感。

**余香:**

看过、闻过、喝过还不算完，真正好品质的葡萄酒咽下以后，在口腔和鼻腔中仍然会有残留的悠长香味，称之为余香。

# 给出评价，专业的考量

经历了视觉、嗅觉和味觉的考验，接下来就到了给出评价的时候了。如何给出评价？这就关乎葡萄酒的五个品鉴维度：果酸、单宁、酒精度、糖分、酒体。

## 糖分

是干型、半干型，还是甜型？

## 单宁

单宁过重，喝起来苦涩、粗糙。单宁合适，喝起来则绵润、细腻。

## 酒精度

不同的酿酒工艺、葡萄采收时间、种植环境、含糖量等，都会影响葡萄酒的酒精度。

ALC 8%

ALC 13.5%

## 酒体

是指葡萄酒在口腔的重量感和质感，轻盈、中等或饱满。通常取决于葡萄酒的其他四种特质，也就是酒精度、单宁、果酸、糖分。

## 果酸

葡萄酒的果酸在口感上表现为活跃、新鲜的，但过多会显得尖锐、刺激。

温馨提示，品酒时一定要记住：先白后红，先干后甜，先淡后浓，先新后老，先低度后高度，从弱到强。

现在就到了运用你的记忆力和想象力的时候了。

酒香是草莓、黑加仑、樱桃、桃子还是薄荷、橄榄、雪松？记得每一种酒的特点能够帮你准确快速地了解一瓶葡萄酒，可别像猪八戒吃人参果那样，一口下去，什么滋味都没有留下。

喝下去的酒给你一种什么样的感觉？像一个活泼可爱的小女孩？还是像一个风情万种的美女？又或者是一个纯爷们？运用你的想象力大胆表达！这样也能帮助你记住种类繁多的各类葡萄酒的特征，加深印象，让你下次一见到它就想起来。

# 品酒小行家的专用词汇

品酒结束了，品酒师们会用一些更专业的词汇来描绘口感，可不仅仅用"好喝"这样"苍白的形容"哦！学会了这些词语，下次品酒，你也可以很会，很懂！

柔顺的（结构细腻圆润，适饮性好）

天鹅绒般的（口感醇香，丝滑）

粗糙的（喝起来不不顺滑，颗粒感强）

熟化精良的（柔顺不涩口，经常用来描述陈酿时间比较长的葡萄酒）

强劲，口感重（单宁比较重，酸度平衡没有那么好）

活泼的（酸度处理得很好）

清爽（酸度略高，但并不尖锐）

寡淡的（没有什么单宁支撑）

余味悠长，久久不能忘怀

厚重的（指酒的果味浓郁，单宁中等）

精致的（指一款酒的单宁和酸度达到很好的平衡）

有抓力的（指口腔两侧能感到收敛感）

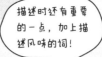

描述时还有重要的一点，加上描述风味的词！

要想把变化细微的口感用精准的语言表达出来是很难的，所以，如果你的朋友正在用心地给出评价，千万不要觉得他在"拽词儿"，说不定，他也很词穷呢。

这杯喝起来太寡淡了，没有一点抓力。不推荐！
这款红葡萄酒入口汁水感满满，好像置身于法国波尔多的阳光下，二次闻香，鼻腔中裹挟着面包和可可的香味。
哎呀，这杯酒颗粒感太强，太粗糙了，一入口简直拉嗓子！
这是一杯来自中国的冰酒，甜度适宜，口感曼妙，制作过程应该挺费心思吧。
这瓶无年份香槟，虽然只窖藏了一年，但是气泡绵密，余味令人愉快。
喝起来让人想到青春活力的美少女！
这应该是一款年轻的新红酒，喝起来很清爽，葡萄的果香味很浓。

# 喝酒前，醒一醒

"醒醒酒，让它从沉睡中苏醒过来吧！"

葡萄酒在装瓶以后就被尘封起来，与外界氧气几乎没有接触，像是睡着了一般安静。尤其是一些年份较早的葡萄酒，因为陈酿时间长，瓶中积累了很多硫化物，开瓶时会有明显的火柴味、臭鸡蛋味或者烂菜叶味。醒酒可以驱散这类气味，还原它本来的香气。

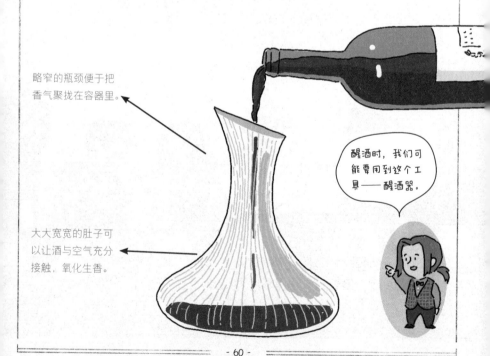

略窄的瓶颈便于把香气聚拢在容器里。

大大宽宽的肚子可以让酒与空气充分接触，氧化生香。

醒酒时，我们可能要用到这个工具——醒酒器。

## 各式各样的醒酒器

现在，人们对很多不需要换瓶的白葡萄酒也进行换瓶，在精美的醒酒器中葡萄酒折射出美丽的光，唤醒酒液香气的同时也令人赏心悦目。

### 常见醒酒器

标准醒酒器

老酒醒酒器

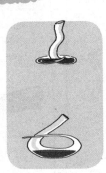

蛇形醒酒器

快速醒酒器

### 特殊醒酒器

S型醒酒器

陀螺醒酒器

数字醒酒器

瀑布醒酒器

但不是每次醒酒都要用到醒酒器，绝大多数陈酿时间不长，或者成分不太复杂的葡萄酒，不用费事放入醒酒器中，在酒杯中醒酒就可以了。

## 醒酒 "三部曲"

**1**

醒酒前，先让它沉淀一段时间，保证沉淀物都已经沉到瓶底，再对它进行开启。

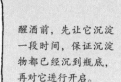

**2**

瓶身和醒酒器保持一定的角度，将酒缓慢地倒入醒酒器中。观察沉淀物是否已经接近瓶口，以免沉淀物进入醒酒器。

**3**

紧握醒酒器瓶口，轻轻地摇晃醒酒器里的葡萄酒，将葡萄酒静置。

 15~30分钟

这是一瓶陈年葡酒，足足花了3个小时来沉淀。

快停下，沉淀物快流到瓶口了！

醒酒时间终于到了，我已经迫不及待要品尝了！

需要醒酒的主要是红葡萄酒，大多数白葡萄酒、桃红葡萄酒和起泡酒无须醒酒，打开直接喝就可以啦！

葡萄酒到底要醒多久？这要根据酒体的具体情况来决定。

## 从成熟期来看:

未到成熟期，单宁较重的葡萄酒醒酒时间在1~2个小时之间。

到达成熟期的葡萄酒只需要醒酒半个小时左右即可。如果它已经是一瓶陈年老酒，醒酒时要慎重一些，操作不慎恐怕会浪费掉一瓶佳酿，不如换瓶去渣后赶紧喝掉吧！

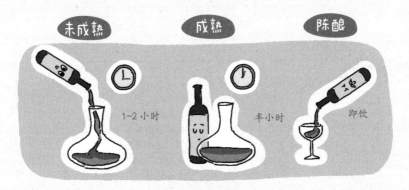

## 从酒的类型来看:

以果香为主的葡萄酒或是在超市购买的200元以下的葡萄酒你就不用再费力醒酒了，直接打开喝就行。一般常见的年轻葡萄酒，醒酒时间在半个小时左右就可以了。陈酿葡萄酒最好倒入醒酒器进行醒酒，时间在一个小时左右最好。

# 喝葡萄酒，温度很重要

 **最佳饮用温度**

葡萄酒除了讲究饮酒的时间，饮酒的温度也很重要！因为酒温会影响酒中物质的挥发。温度太高，酒的甜味和酒精感会增强，酒就会变得呆滞，失去了该有的芳香和口感。温度太低，酒的甜味降低，酸、涩、苦的口感增强，并且失去酒该有的芳香，让酒变得不适口。不同的葡萄酒有不同的饮用温度。

**白葡萄酒** 一般白葡萄酒的适饮温度较低，所以要进行冷藏，这样会让酒喝起来比较清爽、凉快。所以在夏天，饮用白葡萄酒是个不错的选择。

白葡萄酒的最佳饮用温度在 5～15℃ 之间。低温可以帮助酒液更好地保留果香与花香，增加怡人感，过高的温度会使酒液变得松垮，不能突出酒液清爽的感觉，所以白葡萄酒的温度最高不要超过 15℃，最好进行冷藏保存。白葡萄酒在斟酒的时候会强调斟酒量不要超过酒杯的 1/3，因为少量的酒喝得比较快，也能保证酒的温度适宜。不过不同的白葡萄酒也有一些细微的变化。

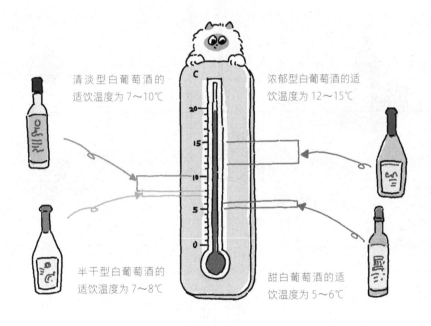

清淡型白葡萄酒的适饮温度为 7～10℃

浓郁型白葡萄酒的适饮温度为 12～15℃

半干型白葡萄酒的适饮温度为 7～8℃

甜白葡萄酒的适饮温度为 5～6℃

如果是在夏天喝白葡萄酒，可以将温度控制得更低一些，因为酒杯还有一些温度，会让酒温略高。如果要快速降低白葡萄酒的温度，千万不能在酒中加冰块，可以将酒放入装有冰块的冰桶中进行降温，让它达到适合的温度。

## 红葡萄酒

红葡萄酒的最佳饮用温度为"酒窖"，也就是16~18℃。当温度过高的时候，比如超过了20℃，会让酒失去新鲜感，喝起来苦涩万分，难以下咽，香气沉闷，毫无生气。如果温度过低，又会让酒中的酸涩感增强，失去应有的馥郁香气，让人感到惋惜。不同的酒也会有一些细微的变化。

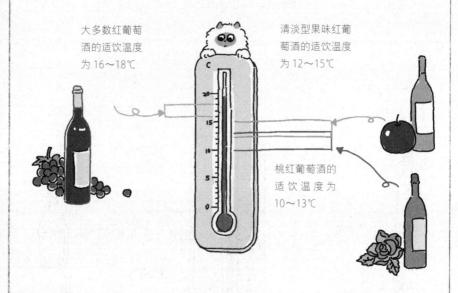

大多数红葡萄酒的适饮温度为16~18℃

清淡型果味红葡萄酒的适饮温度为12~15℃

桃红葡萄酒的适饮温度为10~13℃

## 香槟

一般起泡酒的适饮温度为7~8℃。不过也要根据具体情况而定。

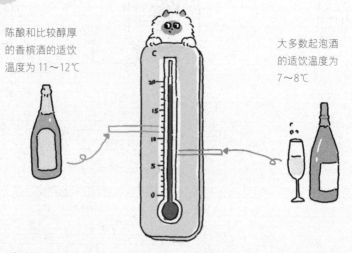

陈酿和比较醇厚的香槟酒的适饮温度为11~12℃

大多数起泡酒的适饮温度为7~8℃

如果酒是在葡萄酒专卖店购买的，可以询问酒商意见，他们会很乐意告诉你。对于有着自己想法的葡萄酒爱好者，别人的说法只是一个建议，毕竟每个人的口味不同。那你就可以隔段时间对你珍藏的美酒进行品尝，不但能够知道什么时候的葡萄酒是最适合你的，还更能够体会品酒的美妙。

## 葡萄酒可以配雪碧、话梅吗

不建议。

从健康的角度来看，葡萄酒中加入雪碧等碳酸饮料，酒精会快速进入小肠，肠胃对酒精的吸收更快。但是，酒精在碳酸的作用下，容易通过血脑屏障进入脑内，对身体危害很大。从味道的角度来看，加了话梅之后，葡萄酒中原有的酸甜度被破坏，酒的味道会走样。同时，葡萄酒原有的营养成分也会被破坏。

还有一点，加了雪碧、话梅等"外来物"之后，酒味会变得比较淡，稍不注意就喝多了。

如果是因为受不了葡萄酒的单宁味，可以喝甜酒。

雪碧、话梅等就留着单独品尝吧！

# 饮前一小时的冷藏

想要在合适的温度下体验葡萄酒原汁原味的口感，但又不找不到冰块的时候该怎么办呢？要想让你的美酒达到最佳的温度，有特殊的方法。而且，针对不同的酒可以"对症下药"。

## 恒温酒柜

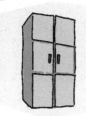

白葡萄酒可以放在恒温酒柜里，温度在 4℃ 左右。饮用前把酒拿出来，温度会略微上升，倒入酒杯刚刚好。

嗯，这样刚刚好。

如果酒温过高想要放进冰箱冷藏快速降温，你可以计算一下时间，不要放太久。起初的一个小时到一个半小时之内，酒温会以每半小时 4～5℃ 的速度往下降。一个半小时以后速度减慢，会以每半小时 2～3℃ 的速度下降。

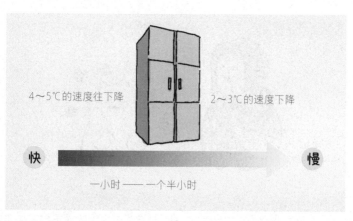

4～5℃的速度往下降　　　　　2～3℃的速度下降

快　　　　　　　　　　　　　　慢

一小时 —— 一个半小时

**冰 桶**

当把香槟和白葡萄酒从酒柜里拿出来饮用时,可以将酒瓶放入一半冰一半水的冰桶中保存。大概15~20分钟后,酒温能降到10℃以下,达到适饮温度。

在冰水中加入一把粗盐,温度的下降速度会更快。

**酒 窖**

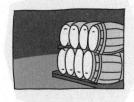

如果你的红酒是放在酒窖冷藏的,温度可能会有点低。你可以将酒取出放在通风的房间内,大概2~3个小时,就会恢复到适饮温度。

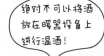

绝对不可以将酒放在暖器设备上进行温酒!

Do you know? 你知道吗?

## 喝完葡萄酒,不宜立即刷牙

长期饮用葡萄酒会让牙齿长出斑点,而且白葡萄酒比红葡萄酒更容易侵袭牙齿釉质,造成牙敏感。就像碳酸饮料、果汁都会造成对牙齿釉质的腐蚀一样,所以喝完葡萄酒一定要记得刷牙!

但是如果立刻刷牙,同样会对牙齿造成伤害。因为喝酒后葡萄酒中的酸性物质会让牙齿变软,立刻刷牙会让牙齿中的釉质流失更多,情况会变得更糟糕。所以,你应该在喝酒至少30分钟以后再刷牙,让釉质从酸性物质的侵蚀中恢复过来,避免流失。

想在睡前喝一杯葡萄酒的人士,也不必因此而担心。你可以采用漱口的方式对牙齿进行清洗,这样就能避免釉质的流失啦!

# 葡萄酒的小秘密

## 葡萄酒越陈越香吗

不准确。我们已经知道葡萄酒在酒瓶中也在成长；如果成长过度，进入了衰老期，一瓶好酒也就被放坏了。而且，有的酒更适合在年轻时喝，不是所有酒都适合长时间陈酿的。

葡萄酒是否适合陈酿，需要关注以下条件：

### 1 时间条件

一般市面上的葡萄酒，存放时间只有2~3年，好的陈年酒可以存放久一些。选购时一定要问清楚，不要放太久。到了适饮期，酒要及时喝掉。

### 2 品质条件

品质越高的葡萄酒越适合陈酿。可以看看自己存放的葡萄酒产地、品种和时间。这三者是决定葡萄酒品质的重要因素。如果是好产地，恰逢好的年份，那么你可以让酒的陈酿时间长一点。还有一个好方法，就是每隔一段时间，就打开品尝一下，这样能够挑选到合适的陈酿时间。

### 3 储藏条件

酒的储藏是有风险的，因为酒的储藏需要具备温度、湿度、光线和振动四要素。酒窖虽然很好，但不是家家都有。所以有条件的可以使用电子酒柜，控制温度、湿度等各个参数，保证酒在最好的条件下进行陈酿。

单宁含量越高，陈酿时间可以越长。如果想要将酒保存多年，也要符合正确的保存条件。

# 葡萄酒越贵越好吗

不一定。一般来说价格较高，更有机会买到质量较好的葡萄酒。但，不能将价格与质量等同。因为除了葡萄酒本身的质量，它的"好"还与很多因素有关。比如"物以稀为贵"，产量少，储藏量少，酒的价格可能会上涨。或者是有品牌附加值，有的葡萄酒因为有品牌的加持，价格较高。所以不能一味相信葡萄酒越贵越好。

**1 外包装**

检查外包装是否完好无缺。如酒帽是否密封、酒标是否完整，有没有因为阳光照射导致褪色的迹象出现。因为葡萄酒一定要避免阳光的照射，否则酒会变质。

**2 温度**

如果可以，最好进入储藏酒的房间感受温度是否过高。理想的温度应该在 10~18℃ 之间，过高的温度也会改变酒的品质。

**3 分量**

酒的分量是否正常。一般情况下，液面在瓶颈附近是正常的。如果只到达了瓶肩，就有可能是在运送和储藏的过程中因为保存不当，造成了酒蒸发或漏液。酒的品质也就值得怀疑了。

# 你的气质最适合喝哪种葡萄酒

## START

**1** 你会把自己比喻成哪种花香？

a 浓郁的花香——到第 2 题

b 清淡的花香——到第 3 题

**2** 你会选择哪种香味的润唇膏？

a 水果味——到第 4 题

b 薄荷味——到第 5 题

**3** 你会把自己比喻成哪种颜色的花？

a 暖色系的花——到第 2 题

b 冷色系的花——到第 5 题

**4** 你跟恋人第一次约会会用什么香水？

a 带点甜味的花香——到第 6 题

b 清爽的水果香味——到第 7 题

**5** 你比较喜欢哪种味道？

a 盛夏干燥的草味——到第 4 题

b 雨后湿淋淋的草味——到第 7 题

**6** 玫瑰和百合你比较喜欢哪个的香味？

a 玫瑰——到第 8 题

b 百合——到第 9 题

**7** 你刚发现一瓶新款洗发水，它的瓶子的形状是？

a 圆形——到第 6 题

b 长身形——到第 10 题

**8** 情绪低落时，哪种味道能抚慰你的心灵？

a 花香——到第 11 题

b 森林的味道——到第 12 题

**9** 你在收视率超高的剧集中看到一个香包，它的颜色是？

a 紫色——到第 8 题

b 红色——到第 12 题

**10** 市面上推出了一种香草味雪糕，你觉得它？

a 相当引人注意——到第 9 题

b 不太引人注意——到第 13 题

**11** 下列哪种味道会勾起你的记忆？

a 面包香味——到第 14 题

b 大自然的味道——到第 15 题

**12** 你觉得月亮的光芒给人什么感觉？

a 刺激、灿烂、香味四溢——到第 11 题

b 孤独、踏实、安静——到第 15 题

**13** 你比较喜欢哪种香味？

a 香料——到第 12 题

b 茶香——到第 16 题

**14** 你对体味的看法是？

a 非常讨厌——到第 17 题

b 是喜欢的味道就没关系——到第 18 题

**15** 你觉得什么香味有助于提神？

a 柑橘香——到第 14 题

b 薄荷香——到第 18 题

**16** 你喜欢异性身上有哪种香味？

a 香水味——到第 15 题

b 自然的肥皂味——到第 19 题

**17** 游乐园会让你想起哪种味道？

a 牛奶和葡萄——到第 20 题

b 甜甜的糖果——到第 21 题

**18** 如果要点香薰，你喜欢哪种形状的？

a 三角形或锥形——到第 17 题

b 长条形或棒状——到第 21 题

**19** 你对香水的看法？

a 非常喜欢——到第 18 题

b 不算十分喜欢——到第 22 题

**20** 婴儿使用的肥皂香味，你觉得？

a 喜欢——A

b 不是特别喜欢——B

**21** 你知道自己的味道吗？

a 不知道——到第 20 题

b 知道——C

**22** 喜欢皮革的味道吗？

喜欢——D

# 你是哪种气质的

我是优雅的东方花香气质。

**A 水果香气质**

活泼开朗、充满自由愉悦气息的你受到大部分人的喜爱，是聚会中不可或缺的人物。和你一样有着"气氛制造者"之称的香槟是你最好的选择，不但很符合你的气质，还能在制造气氛的时候助你一臂之力。

**B 东方花香气质**

拥有强烈自我意识及自我世界的你总是给人一种神秘的感觉，看似要求不高，实则有着挑剔的口味。只有那些口感新鲜、圆润而又不失典雅，余味悠长的酒才能配合你的气质。

**C 草香气质**

你有着旺盛的好奇心与丰富的感受力，不满足现状的你总是在不断探索。那些口感丰富，带有复杂香味，且充满活力的葡萄酒既能满足你的好奇心，也很符合你独特的气质。

**D 花香气质**

花香气质的你总是给人乐观、积极和勇于面对困难的感觉，你的包容力和随和的性格让人很信赖。那些酒体清爽、酸甜度达到很好平衡、平易近人的酒正是你的密友。

第三课

葡萄酒的选购妙招，
购物达人必看

# 带你选购专属佳酿

## 细阅酒标

当一瓶葡萄酒拿到手，首先应该看的就是酒标。根据酒标上的信息，你就可以判断这瓶酒产自哪个国家，然后根据国家、庄园、葡萄品种等，挑选你喜欢的酒。

### 法国酒标

法国拥有着几百年的酿酒历史和严谨传统的酿制工艺，让它的酒标也散发着贵族气息。法国酒标严谨规范，等级分明，产区也区分开，等级和产区是法国酒标中的重要元素。

### 澳洲酒标

澳洲人总有一股打破陈规的灵气，拒绝循规蹈矩。澳洲酒标最看重生产商，认为它才是品质的保证。

### 西班牙酒标

一提到西班牙人，就使人联想到他们热情奔放的性格，这种特质也体现在他们的酒标中。西班牙也将酒分为了五个等级，由低到高分别是 vdm、vc、vdlt、do、doc。

## 意大利酒标

意大利酒标有着独特的浪漫风情，又兼具严谨的风格，除了标注信息外，还会体现出独特的艺术性。因此，很多意大利葡萄酒成为非正式场合饮用酒的首选。

## 德国酒标

德国酒标稍显烦琐，除了产区、年份、酒庄等，还标出了葡萄的成熟度等，是一份葡萄酒的详细说明书，让你对酒的一切了如指掌。

## 中国酒标

中国的酒标简单直接，主要展示品牌、酒的类型、产区和酒精含量，同时大多有生产酒庄的图标。如果你是一个"中国迷"的话，可以多记一记酒标。

**学会诊断葡萄酒的缺陷**

## ＼＼正常／／　　＼＼不正常／／

**酒瓶**

倾斜或躺放着

直立着　　倒立着

酒瓶应该应该倾斜或躺放，让酒塞接触酒液，以免开裂。

酒瓶暴露在阳光照射或者温度较高的地方，直立或倒立着放置。

**颜色**

红葡萄酒　　白葡萄酒

红葡萄酒的色泽从鲜紫色到砖红色；白葡萄酒的色泽从浅黄色到琥珀色。

酒色暗淡无光。

**酒塞状态**

正常，没有干裂、漏缝、发霉等现象。

发霉或者干裂，这时酒会在瓶内持续氧化，酒的质量会受到影响。

## 正常　　　　　不正常

### 酒体的清澈度

晶亮、清澈。

酒体浑浊，或者飘着雪花。

### 酒香

**花的芬芳**

**不正常的霉味**

果香扑鼻，或是馥郁的芳香，让人感觉舒服和享受。

有明显的异味、霉味、果味丧失，甚至发臭。此时，葡萄酒已经变质，不要饮用。

### 口感

**饱含果味**

**暗淡无味**

酸甜适度，平衡得很好，拥有良好的果酸味。

口感粗糙，暗淡无味，变酸变苦。

### 余香

嗯，真棒！

哦，没了。

余味悠长，丰富、饱满。

一下味道就没了，没有余味。

# 走，去这些地方买酒喝

## 最佳卖场——葡萄酒庄

去葡萄酒庄买酒是一种很棒的购买方式。在购买时你不仅可以品尝到很多葡萄酒，还可以一览酒庄的盛况，如果运气好，还可能遇到葡萄园主哦！那么，葡萄酒庄主要有哪些功能呢？

### 种植葡萄

好葡萄才能酿好酒。绝大多数葡萄酒酒庄都拥有自己的葡萄园，如果你想了解最好的酿酒葡萄都在哪儿，查一查知名酒庄的位置，你就能知道答案。

很多古老的酒庄都实行家族继承制，选任下一代作为酒庄的继任者或者管理者。他们要专门学习与葡萄酒相关的课程，并经过长期训练才能胜任。

### 酿造葡萄酒

酿酒就不用说了，这是酒庄的核心功能，也是酒庄最重要的价值所在。酿造方法可谓是每个酒庄最高级别的机密，绝不会轻易泄露。

## 储藏酒类

酒庄都有专门的酒窖来储藏酒。如果是橡木桶的话，规模小一点的酒庄大概有几千桶，大型酒庄的存量可达上万桶。关于储藏酒，还有个专门的职业，翻酒师。他们会定时翻一次正在酿造的酒，检查酒的状态，淘汰酿造失败的产品。

## 旅游

现在越来越多的酒庄向公众开放，开发旅游功能。人们可以在酒庄里参观，可以亲自采摘葡萄，还可以跟着酿酒师体验酿酒的全流程。

"小长假不知道去哪儿玩儿？酒庄体验挺不错！"

## 中国的葡萄酒庄历史

虽然葡萄酒在我国已经有两千多年的历史了，但早期酿造葡萄酒的规模比较小，所以葡萄酒酒庄的历史并不长。

直到清光绪十八年，爱国华侨张弼士先生在烟台栽培葡萄，才花白银三百万两建设了中国近代第一个新型葡萄酒厂——张裕酿酒公司。这是我国第一个工业化生产葡萄酒的厂家，也是中国乃至亚洲最大的葡萄酒生产经营企业，开创了中国工业化生产葡萄酒的先河。

如今我国的著名酒庄有爱斐堡酒庄、君顶酒庄桑干酒庄、怡园酒庄、卡斯特酒庄等，主要分布在山东、河北、北京、宁夏、新疆等地。

# 北京张裕爱斐堡国际酒庄

我们酒庄最著名的就是赤霞珠干红系列葡萄酒，比如A6、A8、A9型号，A8霞多丽干白葡萄酒也不错！

不仅是酒庄，还是四星级景点，欢迎来玩~

位于北京市密云区巨各庄镇，是由烟台张裕集团融合美国、意大利、葡萄牙等多国资本，投资7亿余元，于2007年6月打造完成的。前国际葡萄与葡萄酒局（OIV）主席罗伯特丁·罗特先生担任酒庄名誉庄主。张裕酒庄不仅具备葡萄种植及葡萄酒酿造的基础功能，还具备了葡萄酒主题旅游、专业品鉴培训、休闲度假三大创新功能，开启了中国酒庄的新时代。

烟台张裕集团有限公司的前身就是张裕酿酒公司，现在已是中国乃至亚洲最大的葡萄酒生产厂家。

# 宁夏贺兰晴雪酒庄

贺兰晴雪酒庄始建于 2005 年，位于中国宁夏贺兰山脚下，酒庄的名字源于宁夏八景的 "贺兰晴雪"。

晴雪酒庄引种法国 16 个品系的酿酒葡萄，种植面积 200 多亩，拥有地下酒窖 1000 平方米，年生产葡萄酒 50,000 瓶。它最著名的酒就是每年精心生产的加贝兰干红葡萄酒。2011 年，加贝兰干红葡萄酒在《品醇客》杂志举办的世界葡萄酒大赛中获得波尔多类型红葡萄酒最高奖，这是中国第一款获得世界大奖的酒。

# 拉菲酒庄 Lafite

来一个拉菲斥！

Lafite

读"拉菲"的时候，你会笑哦，快试试看！

在世界各国的酒庄中，有个酒庄无人不知，它就是拉斐酒庄。

拉斐酒庄创建于 1354 年，占地 90 公顷，每公顷种植八千五百棵葡萄树，主要品种为顶级的赤霞珠、美乐和品丽珠。他们采用非常传统的种植方法，基本不用化学药物和肥料，人工进行小心地呵护。

1985 年，伦敦佳士得拍卖会上，一瓶 1787 年份的拉菲，在酒评家托马斯·杰斐逊（Thomas Jefferson，美国第三任总统，也是杰出的酒评家）签名后，以十万五千英镑的高价由《福布斯》杂志老板马尔科姆·福布斯（Malcolm Forbes）投得，是至今世界上最贵的一瓶葡萄酒！

# 拉图酒庄 Chateau Latour

1855 年，在法国波尔多地区的名庄评级活动中，拉图酒庄也名列顶级葡萄酒庄之一。拉图酒庄又名拉图城堡，由英国人在 15 世纪建成，16 世纪开拓为葡萄园，被誉为法国梅多克地区百年品质最稳定的一级庄，也是梅多克最古老的葡萄园之一。拉图酒庄现在有 92 公顷的葡萄园，主要品种有赤霞珠、品丽珠和小维多，其中最老的葡萄藤已经超过了一百年。

它旗下有三大酒款：

Grand Vin de Chateau Latour 拉图城堡正牌干红

Les Forts de Latour 副牌小拉图

Pauillac de Chateau Latour 三牌拉图波亚克

# 玛歌酒庄 Château Margaux

玛歌酒庄建立于 15 世纪，为法国波尔多五大名庄之一，曾经还是英格兰国王爱德华三世的豪宅。几个世纪以来，虽然几经易主，但每个主人都不简单，大多都在政界拥有较高地位。庄园内风景优美，花香四溢，堪称法国波尔多最优雅的庄园。玛歌酒庄的酒口感柔滑，香味浓郁，很受人们喜爱，也是初级葡萄酒爱好者的好选择。

法国波尔多地区有 61 家列级酒庄，它们都是世界葡萄酒庄的骄傲。翻阅第七章法国部分，你能了解更多关于它们的知识。

# 干露酒庄 Concha y Toro

干露酒庄是智利最大的葡萄酒业集团，同时也是智利最古老的酒庄之一，1883年由干露（Don Melchor Concha y Toro）先生创立。1994年，干露酒庄在纽约证券交易所上市，成为智利第一家在纽约上市的酒庄，酒庄的知名度大大提升。最令人印象深刻的是，2014年智利干露酒庄在全球最强葡萄酒品牌中斩获第一。

## 1891 年的某一天

干露先生，酒窖里有鬼啊！！

我昨天晚上去查看酒窖，结果看到一个黑影飘来飘去，吓死人了！

哎呀，我知道的，就是小偷罢了。不过，这个故事好像还有点用处哦……

1891年，干露先生听到酒庄工人说酒窖里闹鬼。其实，就是小偷来偷酒罢了。但是干露先生干脆把这个传言当成真事往外传播，小偷也不敢再来偷酒了。后来，干露先生还创立了一个葡萄酒品牌"Casillero del Diablo"（红魔鬼）。

**品质保障——专卖店**

在这里，从各类葡萄酒、葡萄酒的书籍到相关用品等统统都能找到。相比于酒庄，葡萄酒专卖店在大一点的城市都有，更容易找到，不像去酒庄那样费事。专卖店的储存条件也不错，可以说是最适合选购葡萄酒的地方。

### 产品选择面广，各个价位一应俱全

专卖店的品种相对比较齐全，比如小产区葡萄酒、高品质葡萄酒、老年份葡萄酒等等，力求满足大家的需求。如果想要送朋友、送长辈，去专卖店说出你的需求和预算，销售员能帮你选出最合适的那瓶！

可以给我讲讲葡萄酒的历史吗？

当然可以。

### 有懂酒的人提供建议，分享"酒闻"

销售员很了解自己店里的产品，也具备一定的葡萄酒专业知识，哪怕你是初次选购葡萄酒，也能帮你选到合适的。如果不忙的话，还可以请销售员分享一些葡萄酒趣闻。（毕竟这也是他们的一种销售手段，聊得越开心，顾客越可能"剁手"呢。）

### 能够提供各种便捷服务

线下专卖店，尤其是同城的专卖店一般会提供送货上门、期酒订购等服务，到了促销时节，还可能提供酒具。和销售员混得熟了，专卖店还可以根据你喜欢的酒庄、年份、口味等为你预留葡萄酒。所以，有空的时候，不妨去专卖店转转，和销售员打好交道，你一定会有收获的。

**1** **注意感受专卖店的温度**

如果葡萄酒都被放在酒柜里，可以不用担心。但如果摆在外面，就要注意藏酒环境有没有达到温度，光照等标准。

不过，在专卖店采酒也要注意这几点，尤其是新手。

**2** **最好让销售员拿仓库或者备货的葡萄酒**

摆放在外面的葡萄酒容易受到光照、热源、震动等影响，酒质可能不佳。

**3** **守住荷包，拒绝忽悠**

来到商品琳琅满目的专卖店，葡萄酒瓶又是那么漂亮，这时如果再碰上个伶牙俐齿的销售员，你很可能就稀里糊涂地买了瓶贵酒。记住，一定要守住底线，不要被忽悠了。

What？1200？我的预算不是300左右吗？

## 选择多多——超市

超市是我们日常最容易买到葡萄酒的地方，价格也相对便宜。虽然超市的葡萄酒大多是大批量生产的葡萄酒，但掌握了方法，也能选到物美价廉的好酒。

### 步骤1 关注酒瓶的摆放位置

酒瓶竖着放避免不了，但除此之外，超市的葡萄酒还有一个"致命杀手"——明亮的灯光。所以，我们可以让导购员尽量拿靠里面的货架上的、阴凉角落里的葡萄酒。

### 步骤2 关注酒精度

根据喜好，选择合适的酒精度。酒精含量在14%以上时，酒的口感会相对浓烈厚重，而酒精含量在12.5%左右的葡萄酒，口感会偏向清爽优雅。

## 步骤3　关注葡萄酒的生产时间

尽量选购年份比较新鲜的葡萄酒。葡萄酒储存时需要恒温避光，但大部分超市都做不到，所以年份越新反而越不容易踩雷。况且，在超市买的酒一般买来就喝，不用来收藏或投资，新酒是最佳选择。

不过，超市有时会利用人们对于葡萄酒年份越久越好的惯性心理，将一些年份久远的葡萄酒摆在货架的最前面来招揽顾客，选购时一定要小心。

## 步骤4　关注条形码

红酒条形码的数字代表了红酒生产的国家和地区、厂商、商品代码和校验码。下面，我们来了解一下它们的代码吧。

6 971166 970020

国家和地区代码

厂商代码

商品代码

校验码

## 行家的品牌之选

橡木味恰到好处

酒体结实饱满

空瓶冷香
持久不散

单宁柔和

成熟的果香

想买好酒当然要知道都有什么"大牌"了。来，给你介绍介绍行家们的金牌之选。

### Helan Mountain
（贺兰山）

酒庄和葡萄种植园位于北纬 38°的贺兰山东麓地区，有"东方波尔多"之称，是世界公认的葡萄种植黄金地带。同时，这里的自然环境远离污染，出产的每一瓶葡萄酒都是人工采摘葡萄，其中的宵峰酒更是每一瓶都经橡木桶陈酿，确保品质与风味达到最佳状态。

### Sutter Home
（舒特家族酒庄）

1972 年，美国的第一瓶桃红葡萄酒在 Sutter Home（舒特家族酒庄）诞生，并大受欢迎，成为全美最畅销的葡萄酒之一。至今它都以生产粉红葡萄酒为主，并且所产的葡萄酒度数低、甜度高、果味浓，让很多人乐此不疲。

## Jacob's Creek
### (杰卡斯)

Jacob's Creek 是澳洲葡萄酒届的佼佼者，从 1976 年推出第一款葡萄酒之后，只用了一年的时间就跻身成为澳洲最受欢迎的葡萄酒品牌之一，并且不断地改变着整个澳洲葡萄酒产业的格局。

## Hardy's
### (夏迪)

如今已经是世界前十大葡萄酒集团的 Hardy's 有着 150 多年的历史，并且在国际上曾多次获奖，对于澳大利亚的葡萄酒发展也有着举足轻重的作用。

## Yellowtail
### (黄尾葡萄酒)

Yellowtail 可谓是葡萄酒届的一个传奇，它产自澳大利亚，但很多澳大利亚人听都没听过。而在美国，它却成了美国销售量第一的葡萄酒品牌，并且在世界百强葡萄酒品牌中名列第五。其旗下的 7 个品牌都是入口柔和、回味悠长的经典。

## Gallo
### (嘉露)

来自美国的 Gallo 已经连续 5 年登上全球最强大的葡萄酒品牌榜。这项由众多专业人士和葡萄酒研究部门发布的榜单，足以证明了它在行家们心目中的地位以及对它的肯定。

## Lindemans
### (林德曼)

Lindemans 酒庄是澳洲最著名的酒庄之一，旗下的猎人谷白葡萄酒不仅是他们的主推品牌，而且是澳大利亚相当有名的葡萄酒系列，在澳大利亚葡萄酒市场占有一定的地位。

## Great Wall
### (长城)

长城是中国葡萄酒行业领导品牌，生产出中国第一瓶干红、干白和传统法起泡葡萄酒，并一直是各大国际会议的宴用酒，深受消费者的喜爱和信赖。

# 哪种酒更适合我

## 平价葡萄酒 vs 高档葡萄酒

可不要以为百元葡萄酒和千元葡萄酒的区别就在于一个便宜一个贵哦！葡萄酒的价格在一定程度上体现了它们的品质，但也不是全部。可能还包括品牌效应、设计理念、包装等。

那么，我们应该选择哪种酒呢？

### 从场合来说

> 今晚的酒，我来买单，大家随便喝！

**普通聚会，百元左右的酒可以满足**

朋友间的普通聚会主要是享受氛围，对品质可以不做过多要求。还有一点，聚会时喝酒一定不会少。相对便宜的酒，既能让大家尽兴，也不会花费太高。

**重要品鉴或聚会，高档好酒更合适**

如果今天要招待重要的客人或是懂酒人士的聚会，一瓶质量优良的高档酒估计能让在座众人小小地激动一把。毕竟无论是从品牌印象还是品鉴趣味来说，都会更有价值。

> 这个酒的口感好棒啊！

> 当然啦！这可是张裕酒庄的A6赤霞珠干红呢。

## 从投资来说

一般平价葡萄酒属于中低端酒，不适合窖藏，应该在短期内喝掉。而高档葡萄酒则更有机会被珍藏一段时间。同时，如果买到了好年份的名庄酒，在价值上可以获得比较稳妥的上升空间。

## 从口感来说

大部分平价葡萄酒，口感清爽怡人，大部分人即使第一次喝也可以很快接受。而高档葡萄酒大概率会含有更多的单宁或者更复杂的酒体，怡人性并没有平价酒高。如果新手选择它，有可能花了大价钱还不讨好。

嗯……这个酒真涩，喝不惯啊！

还不如我昨天在超市买的那瓶60元的干红呢。

# 给你推荐一些"平价"酒

都介绍到这儿了，怎能不来点推荐？来看看我们给你挑选的这些"平民"酒，下次聚会轮到你带酒，就不用头疼要带什么酒了。

## 张裕特选级解百纳干红葡萄酒

酒庄：张裕
产地：中国·山东烟台

选用蛇龙珠作为原材料进行酿制，宝石红色的酒体满含馥郁的黑色果实气息，还有橡木香气，为酒液增加了力量感。

## 诗培纳莫斯卡托低醇起泡酒

酒庄：犀牛庄(la spinetta)
产地：意大利·皮埃蒙特

质优价廉的小甜水，散发出明艳的花果香气，恰到好处的酸度配合活泼的气泡，使人如同身处莫奈花园。

## 爱德华·德洛内博恩一级园黑品诺红葡萄酒

酒庄：爱德华·德洛内（Edouard Delaunay）
产地：法国·勃艮第

口感清新、单宁柔滑、香味丰富，带有樱桃和草莓，摩卡和焦糖的香味。

酒庄：怡园酒庄

产地：中国·山西和宁夏

有着石榴红的色泽，红莓果的芳香，蘑菇、雪松类的口感，果香浓厚，单宁宜人。

# 干露侯爵霞多丽干白葡萄酒

酒庄：干露酒庄（Concha y Toro）

产地：智利

淡黄色的酒体给人清爽的感觉，再加上浓郁的梨与烤榛子的香味更是让人爱不释手，搭配白肉非常的理想。

## 奔富寇兰山西拉赤霞珠干红葡萄酒

酒庄：奔富酒庄
产地：澳大利亚

奔富酒庄，被视作澳大利亚葡萄酒的代表。强壮的酒体裹挟着南半球灿烂的骄阳，芬芳扑鼻的果香气直白地进入口腔，余味悠长。

## 威迪庄园白仙粉黛粉红葡萄酒

酒庄：威迪庄园
产地：美国·蒙

作为加州葡萄酒代表之一的它带有桃子的清香，口感清爽，口味突出。酒精度数并不高的它，配上清淡的海鲜，会让酒和肉的香味都更加迷人。

## 穆莱城堡中级庄干红葡萄酒

酒庄：穆莱城堡（Château Muret）
产地：法国·波尔多·上梅多克

波尔多产区被许多爱酒者视为葡萄酒最传统的味道。整个波尔多产区以多种葡萄品种混酿为主。这瓶多年上榜的中级庄干红葡萄酒口感醇厚细腻，优雅迷人。

# 给你推荐一些高档酒

了解了高档酒，我们再来介绍几款高档酒。这些酒风味不错，价格适中，无论是商业聚会还是私人娱乐，都是不错的选择。

 ## 欧歌利屋香槟

以黑皮诺为主的香槟，口感复杂精致，脂滑柔润，搭配烧烤很不错。野外聚餐就请带它去吧！

 ## 奔富雅塔纳霞多丽干白葡萄酒

"yattarna" 是澳大利亚土著语"一步一步达成目标"的意思。在它年轻时饮用可以感受到层次分明的酒液散发出丰富的瓜果香气和白花清冽的气息，同时也有不俗的陈年潜力。是经典霞多丽的代表。

 ## 婷芭克世家干白葡萄酒

来自法国名酒庄的它酸度较高，口感清新，可以搭配中餐，也可以搭配海鲜，比较百搭。

## 库克香槟

库克是顶级的香槟品牌之一，非常适合海滩或者郊外的烛光晚餐，它带来的浪漫定会让你惊讶不已。

## 红河岸灰比诺干白葡萄酒

Sunday Morning，听名字就很有聚会的氛围。如果是一个悠闲的聊天派对，就带上它吧，会给你轻松与安逸的感觉。

## 玛姆克拉芒香槟

在 F1 方程式赛车冠军庆功宴上，常见到它的身影。来自法国顶级葡萄园的它有着清爽的口感，非常适合搭配海鲜。

Krug Grande Cuvée

Redbank-Sunday morning Pinot Gris 2006

mumm de Cramant

# 好马配好鞍，好酒配好杯

## 为自己挑选合适的酒杯

人的感觉器官非常神奇，就算把同一种酒装在不同的杯子里，也能感受到香味和口感的微妙变化，所以别试图欺骗自己的口腔和鼻子。

不同形状的酒杯可以使酒液与空气接触的面积不同，恰当的选择可以更好地让酒液在杯中被唤醒。通过杯体深浅宽窄的不同，可以使酒液的香气被更容易地保留或者挥发出来。以马德拉甜酒杯为例，花瓣边的设计可以使酒液在入口的时候更适应人体口腔的结构，减少甜酒过分甜腻的印象，使酒液的滋味变得更加平衡。小巧的杯体可以更好地汇集酒液的香气，保证合适的入口温度。

葡萄酒酒杯类型多种多样，有的酒款还有专门的酒杯。接下来，我们就来看看有哪些酒杯类型吧！

## 经典的红葡萄酒杯

### 赤霞珠杯

杯身修长，有利于酒液在舌头中部达到单宁、果味以及酸度的平衡。适合以赤霞珠为代表的单宁较重的陈年酒款。

### 波尔多杯

杯身较长，杯口收紧，香气聚集，适合以波尔多为代表的风格浓郁、强劲的酒款。

白葡萄酒一般会在冰镇的情况下饮用，温度很重要，所以，杯柄相对较长，酒杯相比红葡萄酒杯会稍微瘦小一些。

## 白葡萄酒杯

### 长相思杯

杯肚和杯口相对偏小。这样容易聚集酒的香气，不至于让香气消散得太快。长相思葡萄酒的香气比较浓郁，修长的杯身有利于将酒液控制在舌头的中部，使果味和酸度实现平衡。

### 霞多丽杯

同样是较小体积的白酒杯，霞多丽杯却拥有大肚杯身，较陡的杯壁可以令酒液入口的扩散效果更佳，杯口的设计令酒入口时先流向舌头中部，然后向四面散开，能使酒的各种成分产生和谐的感觉。

## 其他红葡萄酒杯

### ISO标准杯

高6英寸，杯脚矮，是一个标准的红酒杯。——什么特点都有，但是都不太鲜明，所以什么酒都适用。

### 勃艮第杯

杯肚比杯口大得多，香气集中效果好，鼻子也可以直接伸进杯口感受香气。适合以勃艮第、黑皮诺为代表的风格轻盈，香气复杂细腻的红葡萄酒款。

其实，这种酒杯的设计理念是给所有类型的酒款提供一个完全相同的环境，在教学和商务活动中用得比较多。

# 香槟杯 (起泡酒杯)

## 香槟杯

这是最常见的香槟杯。底部比较尖，香槟倒进去，气泡就会从底部向上蹿，可以长时间地保持细密的气泡。

## 郁金香杯

像郁金香一般，细长的杯身更便于观察香槟美丽的气泡，同时收拢的杯型有利于保存起泡酒的丰富香气。

## 浅碟杯

在婚礼、庆典中常常看到用浅碟杯搭建的香槟塔，气势磅礴的造型可以增加庆典热闹的气氛。只是杯底比较浅，恐怕会影响酒液的温度，造成香气更快地发散。可那又有什么关系呢？干杯万岁！

## 马德拉甜酒杯

马德拉甜酒香甜醇厚，酒香浓郁。矮小的杯体可以更好地汇集酒液的香气。倒出酒时，能避免酒液过多地粘在杯壁上，以免浪费。

## 白兰地杯

天生带有贵族气息，稳重踏实的身材可以让佳酿安心地在杯中苏醒过来。使用时通常用中指和无名指夹住杯柄，通过手温催发出酒液的芳香。

葡萄酒杯还分为两种材质：水晶质地和普通玻璃。水晶质地的酒杯有带很多小切面的杯壁，更容易留住葡萄酒的香气，但是比较贵。普通玻璃材质的酒杯就便宜多了。

 水晶质地  普通玻璃

用手指轻弹酒杯杯身，水晶质地的酒杯会发出清脆的金属声响，声音悠远，有穿透力。

用手指轻弹酒杯杯身，普通玻璃质地的酒杯会发出沉闷的"嗡、嗡"声。

将酒杯拿在手里，水晶质地的酒杯会让你感觉硬度较高，所以更耐磨损。

将酒杯拿在手里，普通玻璃质地的酒杯会有一种厚重但脆弱的感觉。

将酒杯拿起来，对着光线旋转，水晶质地的酒杯晶莹剔透，折射出迷人的彩色光线。

将酒杯拿起来，对着光线旋转，普通玻璃质地的酒杯很少呈现漂亮的折射光线。

# 葡萄酒杯，你拿对了吗

你注意到了吗？葡萄酒杯都有一个高高的"脚"，所以又叫高脚杯。其实这是为了让人们握住杯柄，以免手温影响了杯中葡萄酒的温度。因为当葡萄酒倒入杯中后，温度过高会让酒变得淡而无味，温度过低又会让酒酸涩难喝。

但是，不是人人都知道这个道理的。

哎呀，你们的手全都碰到了杯身，过一会儿酒的温度就变了！

一般正确的持杯姿势是用拇指、食指和中指夹住高脚杯杯柱。

如果需要站着和人交谈，可以直接用拇指和食指夹住杯座——拇指压在上面，食指垫在下面，其余手指以握拳形式支撑在食指下面。

如果你要观察酒的颜色，你可以拇指竖起倚在杯柱上，食指弯曲卡在杯座上，其余手指以握拳形式垫在杯座底下起固定作用。

总之，不管是哪一种握杯方法，重点都是手不能碰到杯身，以免影响杯中酒的温度。

## 高脚杯，这样清洗

"今晚不仅玩得开心，喝得也开心，真是好啊！"
"你好像忘了什么呀！"
"什么？"
"还有它们。"
"啊，要是有个自动洗杯机就好了！"

"只想吃饭，不想洗碗。只想喝酒，不想洗杯。"这是不行的，别偷懒，马上去洗吧！

### 步骤 1

用温水清洗酒杯，如果不巧，酒杯沾上了油污，可以用一两滴无味清洗剂。

### 步骤 2

握住杯肚，把海绵塞入杯内小心地清洗内壁。不要忘记把外壁也擦一擦。

### 步骤 3

用温水洗干净后，再用冷水整体冲洗一次，并用超细纤维的抛光布把外壁擦干净，倒扣在吸水纸上，让它自然晾干。

不能使用具有漂白成分和研磨剂的洗涤剂。因为葡萄酒是酸性的，可以用碱性的洗涤剂或者小苏打清洗酒杯上留下的洗涤痕迹。

要点 2

对于杯身有复杂花纹的精致酒杯，清洗不是很方便，可以将酒杯浸泡在醋或者柠檬水中一段时间后再进行清洁。

要点 3

手洗是最好的选择！

避免使用质地粗糙的洗碗布或者洗碗海绵，钢丝球就更不可以了。对于质地比较脆弱，或者带有磨砂造型的红酒杯，使用洗碗机清洗可能会为酒杯带来损伤甚至毁坏。

要点 4

去洗杯子咯！

洗好酒杯之后不要甩！水被甩得到处都是不说，万一脱手，那就得不偿失了。

**高脚杯，这样放置**

虽然还没有喝过多少葡萄酒，但是酒杯已经买了好多。毕竟，漂亮的酒杯实在太多了，忍不住要"剁手"啊！

酒杯这么多，怎么放置比较好呢？

## 倒扣在吸水纸上（卫生纸也可以）

如果酒杯比较少，可以不用劳神准备太专业或者太昂贵的存放器。洗干净之后，倒扣在吸水纸上就好，这样可以避免杯内落灰。

## 倒挂在酒架上

酒杯多的话可以选择酒架。将酒杯倒挂在酒架上，收纳方便，还是个不错的装饰。不过，这样还是会进灰尘，所以，不适合放太久。如果使用不频繁，置物柜更合适。

## 放在专门的酒柜里

酒杯很多，但是用得不是很频繁，那就给你的酒杯买个柜子吧。倒扣在柜子里，还可以分类摆放，高级上档次。市面上有很多漂亮的柜子，买来放在家里也是一个很不错的装饰。

看我的酒杯柜，漂亮吧。

Do you know?
你知道吗？

## 喝酒前，记得检查酒杯

喝酒之前，我们一般都会记得检查葡萄酒，比如看看是不是自己要的那瓶酒，酒标是否有破损，瓶底是否有不正常的沉淀等，但有时却会忘记检查酒杯。酒杯也会影响喝酒时的香气。下面是检查酒杯的具体步骤。

1. 闻一闻。闻一闻酒杯有没有香气或者不正常的味道。什么香味都没有是最好的，否则，杯子滞留的香气会影响葡萄酒的香气。如果有异味，一定要更换酒杯。

2. 看一看。看看酒杯里是否有水。有水的话，酒倒进去就会被稀释，从而影响酒的品质。如果是在餐厅，还要留意一下服务员有没有拿对酒杯。如果你点了香槟，却给你一个波尔多杯，那可太糟糕了。

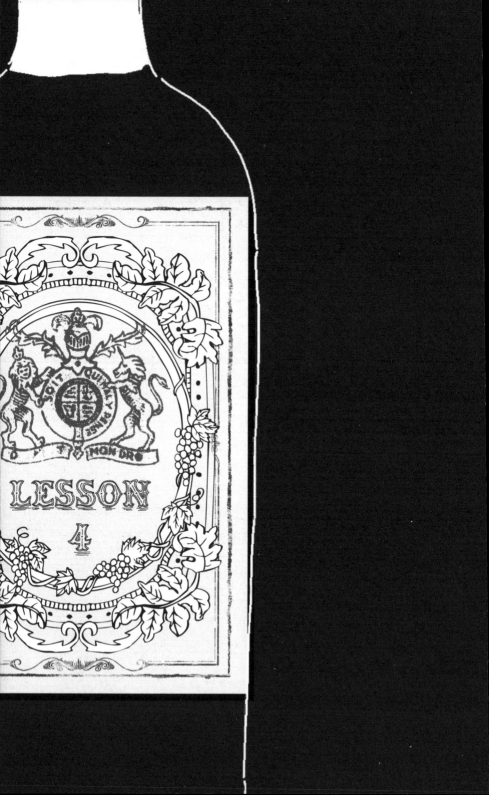

第四课

嘘！偷偷告诉你
葡萄酒的保存秘诀

# 葡萄酒要这样保存

买了一瓶好酒，开开心心回家吧！这时候，你一定要记住：葡萄酒是很脆弱的，温度、光线和震动等微小细节都会对它造成影响！

买好酒后，你只需要拎着酒直接回家就可以了，千万不要做下面这些"傻事儿"：

**1** 买好酒后还带着它去逛商场，逛酒吧。

**2** 回家的路上，用它挡住头防晒。要知道你怕热，它也怕热啊！

**3** 拎着酒，摇摇摆摆地哼着歌。小心你的葡萄酒犯晕！

**4** 开车回家，把它放在座位上，晃来晃去。

这也不能做，那也不能做，葡萄酒也太娇气了吧！

对不起。要想品尝到葡萄酒最好的味道，就必须要忍一忍它的"娇贵"，好好保存！

**葡萄酒的保存条件**

## 恒温

要想保存好葡萄酒，温度格外重要。首先，要有适宜的温度，不同的酒保存时需要的温度也不同。其次，需要恒温，温度千万不能一会儿高一会儿低，这样对酒液的伤害很大。

 **起泡酒**

恒温 4~7℃

**白葡萄酒**

恒温 8~15℃

**红葡萄酒**

恒温 12~18℃

享受！

安逸！

舒服！

**甜酒**

我的温度比较复杂呢！

冰酒：恒温 5~6℃

晚收型甜酒：恒温 7~8℃

贵腐甜酒：恒温 8~9℃

过低的温度会让酒的成长缓慢，过高的温度又会使酒过快熟成。一般来说温度在 5~20℃之间，都是可以的。

**加强酒**

和甜酒一样，我需要的温度也要细分。

雪莉酒 / 白波特：恒温 8~11℃

茶色波特 / 红宝石波特：恒温 12~15℃

马德拉酒：恒温 14~18℃

# 恒湿

70%～80% 是储藏葡萄酒最好的湿度条件，同时也要注意保持恒湿。保持湿度主要是为了保证软木塞的正常工作，防止葡萄酒的"敌人"——氧气进入。

氧气是敌人？醒酒时不是需要让酒液与氧气接触吗？

适量的氧气可以帮助酒挥发出最好的味道，但是氧气多了，酒液过分氧化，味道又变差了。

好吧。看来氧气是把双刃剑啊。

太干的话，沙子也可以用来保持湿度。

湿度不够，软木塞会失去弹性甚至干裂；湿度太高，软木塞可能会腐烂，发生霉变。

## 避免光线照射

光照容易加速酒的氧化。很多红葡萄酒陈年时间长，要特别注意避光，太阳光和灯光都要注意。所以，多数红葡萄酒酒瓶都是深色的。而白葡萄酒和桃红葡萄酒一般不用存放太久，不太担心光线照射，可以用浅色瓶，突显酒体漂亮的颜色。

抱歉，我是真的"见光死"。

反正过不了多久，我就要被喝掉了，这点光对我来说，影响不大。

# 避免震动

震动也会加速葡萄酒的成熟，让酒变得粗糙。所以，存放的时候要尽量让酒安静地待着，不要经常搬来搬去，影响葡萄酒的"安睡"。就好像人睡觉一样，一直处于半睡半醒之间，睡眠质量肯定不好。

## 躺放或平放的姿势

放置时，最好让葡萄酒卧放，这样能让软木塞与葡萄酒相接触，避免干燥。做不到卧放，也最好把葡萄酒斜放，保持在 45 度以内，不要直立保存，这样不适合长期保存。

竖放：时间一长会造成软木塞干燥开裂，使空气进入酒里，破坏酒质。

倒立：时间一长会让沉淀物聚集在瓶口，倒酒时沉淀物可能会流到杯子里。

## 通风、整洁的环境

虽然酒瓶是密封的，但软木塞就像是葡萄酒的"肺"，可以交换和渗透空气。所以，一定要保持存酒环境的通风和整洁，让酒干干净净地待着。

**1** 如果环境闭塞，不通风，湿度可能会过高，导致酒塞发霉。保持空气流通主要是防止细菌生长。

**2** 空气不流通会造成酒精挥发带来的易燃气体聚集，很危险。

**3** 不要在存酒环境中摆放味道太重的东西，比如酱菜、奶酪、榴莲等，千万要记得把这些食物与酒隔绝。否则，它们的味道会通过软木塞进入酒液，影响酒的味道和质量。

## 葡萄酒的短期保存

虽然葡萄酒的保存条件很严苛，但如果你的葡萄酒只会待上两三个月（甚至更短）就会被你喝掉，你就大可不必为此紧张，也不需要兴师动众地购买专业存酒柜甚至是挖个酒窖。只需要动动手，就能给你的葡萄酒建造一个好家。

找一个常见的泡沫箱子，在里面放入一些湿润的沙子，这样既能避免温差太大也能保持湿度。把酒放进去以后用废报纸把箱子包起来，放在不会经常开关且避光的地方即可。

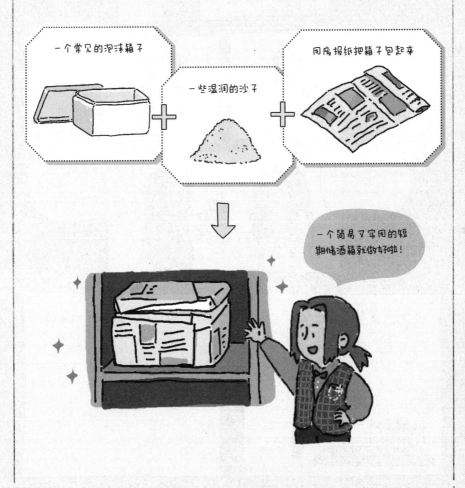

# 家中保存葡萄酒，注意这几点

其实大部分人都把葡萄酒放在家里，所以，在家中怎么保存才是重点吧！

老婆，你说得对。

记得你冬天的时候把甜酒放在了暖气片旁边！

别光说我。你还把红酒在冰箱里放了快3个月呢。

哈哈哈，那时我俩，半斤八两！

我们走过的"坑"也太多了，读者朋友们要注意啊！

---

## ① 不要放在橱柜里

首先，厨房的温度较高，且温度变化大，不符合恒温条件。其次，厨房的味道杂且重，不适合存放。

## ② 装饰柜不适合长期保存

如果室内温度合适且避光，客厅的装饰柜也是可以存放葡萄酒的，但不适合长时间存放。主要是因为冬夏季节温差很大，温度剧烈的变化会严重影响葡萄酒的口感。

### ❸ 冬天，不要将酒直接放进地窖

我国北方部分家庭有用来存放食物的地窖，温度在 15 度左右，比较恒温。从温度来说，适合存放葡萄酒。但是如果地窖里放了太多食物，多种味道混在一起会严重影响葡萄酒的品质。

### ❹ 窗户、阳台等，不合适

这几个位置光照强，温度变化大，会严重影响葡萄酒的品质。

### ❺ 冰箱，不适合长期存放

还没有开封的葡萄酒一般不建议放在冰箱冷藏保存，主要有以下几个原因：

1. 冰箱冷藏的温度较低，保存红酒、白葡萄酒都不太合适，保存部分起泡酒和甜酒比较合适。而且，最重要的一点是，冰箱的控温设备的运行模式是将温度降到 2~3 度，等温度上升时再降温，温度起伏大，会严重影响葡萄酒的品质。

2. 冰箱冷藏室的食物一般比较多，味道也很重，容易进入葡萄酒中，影响葡萄酒的风味。

3. 普通冰箱使用压缩机制冷，而压缩机会带来震动，从而影响葡萄酒的熟成过程。

不过，如果放两三天就喝了，冰箱也是可以用来"江湖救急"的。

### 家中保存葡萄酒的两个好地方：衣橱、床下

首先，这两处的避光效果很好；其次，温度相对不高，且恒温（不能开暖气）；最后，湿度也比较合适。

# 葡萄酒的长期保存

一些适合陈年的葡萄酒或者自己的私人珍藏需要长期保存，温度、湿度以及光线等条件就必须严格把控了！下面这些"家"都很不错，你可以根据自己的需求和条件进行选择。

## 酒窖

对葡萄酒来说，最好的家是一个各项指标都合格的酒窖，能够保证葡萄酒在不受任何气味、震动和光线干扰的稳定条件下存放。酒放进酒窖以后你只需要定期巡视，检查一下酒存放的情况，当酒达到适饮期时，拿出来喝就好了。

葡萄酒酒窖一般建在地下，因为地下酒窖天然避光和隔热，完美地解决了葡萄酒害怕光和热的问题。而且地下酒窖的温度和湿度比较稳定，通常只有1~2℃的变化，恒温，还能节约电费。

## 恒温酒柜

这应该是大部分葡萄酒爱好者的选择，因为它的价格从几百到几千不等，容量也由几支到几十支葡萄酒不等，类型有电子的，也有压缩机的，选择多多！

恒温：这是恒温酒柜最大的特色。

温度：酒柜中的温度能够保持在55%以上。

避光：整体防紫外线。

避振：有专门的防振压缩机和实木架，能避免振动。

通风：内部有特殊的通风系统，可以避免不通风造成的异味等等。

| | | 优点 | 缺点 |
|---|---|---|---|
| **电子酒柜** | 半导体制冷原理 | 噪声小，体积小，便于携带，运送安全方便，价格相对便宜。 | 制冷效率较低，耗电高，使用年限较短，一般在两三年左右。 |
| **压缩机酒柜** | 风冷式 | 制冷温度均匀。 | 不能保持恒湿，不同位置会有一些湿度差异。 |
| | 直冷式 | 制冷效率高，耗电少，湿度保持得比较好。 | 通过导热隔板进行补冷，导致不同位置的温度有差异。 |

# 喝了一半的葡萄酒如何保存

你该不会每次都能整瓶喝完吧？只喝掉一半的话……

五天后……

你是不是把没喝完的葡萄酒也放进了冰箱？（或者，连冰箱都没有放进去）

其实，已开封的葡萄酒是可以放进冰箱的。只不过，因为温度和湿度都不太合适，一般只能在冰箱里放两三天。记得要把酒塞倒插进瓶口，最重要的是要把酒及时喝掉！下面这张图大致为大家展示了不同类型的葡萄酒开瓶后能存放的时间。

起泡酒
1~3 天

轻酒体的桃红酒及白葡萄酒
1~3 天

红葡萄酒
3~5 天

强化酒
28 天

重酒体的白葡萄酒
3~5 天

## 喝了一半的葡萄酒，你可以这样存放

### ❶ 使用小容量的容器保存

如果有存酒瓶是最好的，只要将喝剩的酒装入存酒瓶中密封保存就可以了。如果没有，也可以选择一个小容量的酒瓶来保存，比如喝完的 250mL 或者 375mL 的小瓶装的酒瓶。小容器里面的空气较少，可以减少空气与酒的接触从而延长酒的寿命。

### ❷ 使用真空瓶塞

利用真空泵将酒瓶中的空气抽走，让葡萄酒处在几乎真空的条件下，当然可以保存得更久了。其实它的道理和第一种方法是一样的，不过使用起来更加简单也更有效。

# ❸ 利用卡拉文 (Coravin) 取酒器

卡拉文取酒器是个名副其实的"偷酒神器",不用开瓶,也可以喝到酒!利用卡拉文取酒器取酒,喝酒后哪怕把酒再放上一年,酒味也不会有太大的变化,是目前市场上几乎最好的葡萄酒取酒保鲜产品!

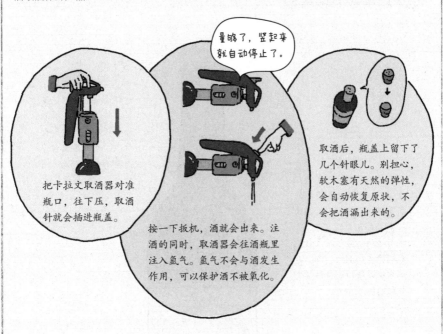

量够了,竖起来就自动停止了。

把卡拉文取酒器对准瓶口,往下压,取酒针就会插进瓶盖。

按一下扳机,酒就会出来。注酒的同时,取酒器会往酒瓶里注入氩气。氩气不会与酒发生作用,可以保护酒不被氧化。

取酒后,瓶盖上留下了几个针眼儿。别担心,软木塞有天然的弹性,会自动恢复原状,不会把酒漏出来的。

# ❹ 注意存放姿势

重新装好的葡萄酒和未开封的葡萄酒不同,建议将酒瓶直立或者斜放。

将酒瓶直立能够减小酒和空气的接触面,适合短时间存放。

将酒瓶斜放可以让软木塞和酒充分接触,保证软木塞的湿度,防止空气进入。

# 葡萄酒的包装与运输

 ## 葡萄酒瓶的奥秘

**瓶封**

封口处通常为纸、塑料、锡纸材质，用来保护软木塞不被小虫啃食，新世界国家的葡萄酒也经常使用螺旋盖，可以更便捷地开酒，密封性也更好。

**颜色**

大多数葡萄酒的瓶身使用深浅不一的绿色，有些白葡萄酒或者桃红葡萄酒为了体现更优美的颜色，会使用透明酒瓶。如果你见到深棕色的酒瓶，那么也许代表着瓶中的佳酿具有较强的陈年潜力。

**容量**

主要为 750mL。此外，375mL 和 187mL 的也比较常见。

**瓶底**

瓶底的凹槽，能让沉淀物聚集在此处。倒酒时，沉淀物会顺着瓶壁滑向瓶肩，避免沉淀物扬起，使酒液浑浊。瓶底凹槽的深度并不能表明酒水质量的优劣。

## 各式各样的瓶塞

**天然软木塞**

天然软木塞是用一种栎木类落叶乔木的树皮做成的，最大的特点是可以透气，让葡萄酒在瓶中依然能呼吸到氧气，继续成长。

但是这种植物的寿命只有 200 年，一棵树两次割皮的时间前后长达 9 年，造价很高，也破坏生态环境。于是，有了很多新型瓶塞。

**填充塞**

用软木粉和黏合剂混合而成，价格比较低，但是开瓶的时候容易断。

螺旋盖≠廉价

**螺纹盖**

螺旋盖很方便，用手一拧，轻松打开！简单方便，使用率比较高。

**玻璃塞**

一拔就开，造型也美观，但是制作成本比较高，还会增加瓶重，所以不太常见。

**香槟塞**

直径大于瓶口，用于起泡酒。其实刚塞进去时，它是直的，因为吸收了瓶内的二氧化碳，变成了这样一朵"蘑菇"。

还有很多有趣的创意瓶盖：

**螺丝钉瓶塞**

**玩偶瓶塞**

**礼品葡萄酒的包装**

外包装

**1** **气柱包装袋**

最基础的包装袋，价格便宜，主要起保护酒瓶、防止破碎的作用。

**2** **皮质和木质的酒盒**

不但能够很好地保存你的酒，看上去还很有档次，但是价格相对较高。

**3** **创意酒袋**

创意酒袋，好看有趣，价格也适宜。如果是寄送的话，建议先套一个气柱包装袋，再套酒袋，避免酒瓶破碎。

## 葡萄酒的运输

### 航空运输

时效性最高，运输时间短，能减少葡萄酒受外界震动和光线的干扰。运输质量最高。但空运的费用高，一般中低价格的葡萄酒不会采用。

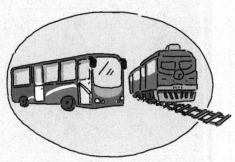

### 汽车运输和铁路运输

这两种方式的运输时间都比空运长得多，也就增加了葡萄酒受震动、光照和温度的危害的可能性。不是迫不得已，一般不采用。

### 海　运

集装箱海洋运输是国际贸易中最主要的运输方式。海运费用便宜、船期稳定，线路越长单位运费就越低。但是比较慢，是这几种运输方式中速度最慢的。

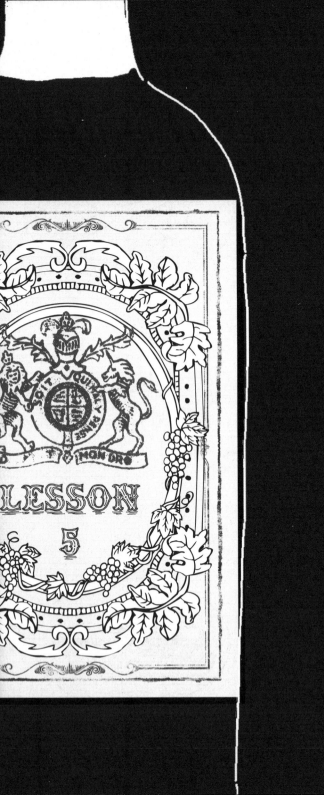

第五课

一瓶葡萄酒，
助你成为社交小达人

想办一个聚会，酒应该怎么准备呢？比如，应该准备多少量合适？哪些类型比较好？大家的口味如何？配什么菜比较好？作为东道主，这些问题一定要考虑清楚！

## 准备合适的量

聚会前要明确参与人员的情况，注意他们的喜好、酒量和其他事项（比如开车或酒精过敏），准备合适的数量，以免浪费。

*喵喵要开车回家，不能喝酒！*

**1** "开车不喝酒，喝酒不开车"，聚会前问问朋友们的出行方式。

**2** 餐前酒可以按人均2杯（80mL）左右来安排，既能达到开胃的效果又不至于喝得太多。

**3** 周末晚上的聚会时间会相对较长，耗酒量大，人均190mL比较合适；中午或工作日的聚会时间较短，耗酒量小，人均140mL比较合适。

**4** 老人不能喝太多酒，小孩不宜饮酒，可以适当减量。

*李阿姨年纪比较大……对了，还有3个小朋友。*

*算好啦！我要准备2瓶750mL的餐前酒，4瓶750mL的佐餐酒，还有2瓶375mL的餐后酒！*

### 准备一些不含酒精的饮料和水

这样可以给客人更多的选择，也可以让长时间处于酒精作用下的胃稍作休息。

### 准备一些小菜或甜点

空腹不宜喝酒，所以，准备一些爽口的凉菜或小甜点可以让客人垫垫肚子。同时，吃点东西也不那么容易喝醉。

### 根据聚会的菜式挑选合适的品类

如果不是单纯的品酒聚会，还准备有菜肴的话，一定要注意菜式与酒类的搭配。否则，搭配错了，再好的酒也白搭！

葡萄酒配菜有个经典的搭配原则：红酒配红肉、白酒配白肉，可以作为参考。

红肉？白肉？
具体怎么搭配啊？给点例子吧！

为了避免混乱，我们在第六章细致讲解了葡萄酒的餐饮搭配，如果想要快速了解，就请翻到第六课去看看吧。

## 携酒赴会，不同酒有不同意义

除了自己举办酒会，碰上朋友举办的聚会，我们也可以带瓶酒去，既能体现自己的重视，也能展示一下品位。

### 家庭聚会

家庭聚会有个重要特征，就是各个年龄层的人都有，一定要考虑到大家的口味和接受力。尽量选择酒体适中、果香浓郁的葡萄酒，让老人、女士都能够比较容易接受。当然，你也可以带多种口味的葡萄酒，让大家自由挑选。

### 公司聚会

"聚会有领导，拘束免不了"

有领导参加的聚会可能会有点拘谨，这时候可以准备一瓶起泡酒调节气氛。在欢声笑语中，大家情绪高涨，吃喝聊天都更自然了。但注意不要喝醉哦！

大家别那么拘谨啦。今天可别把我当总经理，就当你们的饭搭子！

## 朋友聚会

朋友之间的聚会是最自在轻松的，不需要用酒刻意调节气氛，可以根据朋友们的喜好来选择葡萄酒，不用太拘谨。如果有不熟的朋友参加，可以介绍你平常习惯饮用的葡萄酒让他尝试一下，也是个增加话题的好机会。

## 情侣约会

来一瓶玫瑰红葡萄酒吧，粉红的色彩、清新的果香，还有冰霜轻盈的口感，喝起来轻松自在。微醺的状态，搭配恰到好处的音乐，一定能让约会增色不少。

# 约会的菜式推荐

携酒赴约也要注意菜式的搭配哦！如果是很熟的朋友，也可以让朋友准备合适的菜品。下面就给大家简单介绍几种不错的搭配。

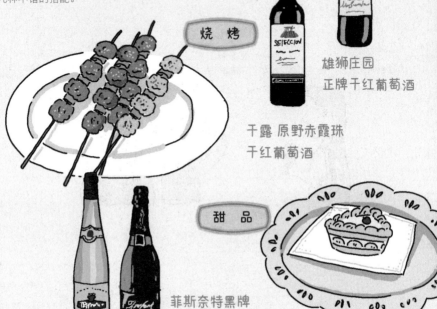

烧 烤

雄狮庄园
正牌干红葡萄酒

干露 原野赤霞珠
干红葡萄酒

甜 品

菲斯奈特黑牌
干型起泡酒

婷芭克世家
琼瑶浆半干白葡萄酒

海 鲜

长城特选5
霞多丽干白
葡萄酒

路易亚都世家
霞多丽干白
葡萄酒

烤鸭

博卡斯特古堡
教皇新堡
红葡萄酒

鹿跃酒窖 禁锢者囚徒
纳帕谷混酿干红葡萄酒

羊肉

张裕爱斐堡 (A5)
干红葡萄酒

科迪古堡波尔多
特酿干红葡萄酒

这里只对葡萄酒与菜式搭配做了简单介绍，同样地，第六章对此内容做了更多详细介绍，可以翻到第六章获取更多信息哦！

# 葡萄酒送礼有讲究

逢年过节，朋友生日，我们都会想要送点礼物聊表心意，葡萄酒就是个不错的选择。不过把葡萄酒作为礼物赠送时，有一些需要注意的问题和技巧，千万不要让你的礼物成为朋友和亲戚的负担。

你怎么了，看起来这么沮丧？

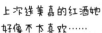

上次送美嘉的红酒她好像不太喜欢……

原来如此。美嘉我熟啊，她比较喜欢喝甜甜的冰酒。

你为什么不早说！    你又没问我！

## 购买地点

最好选择葡萄酒专卖店。首先，作为礼品的葡萄酒一定要保证品质。其次，如果你不太懂葡萄酒的话，把你的预算、送礼对象以及一些特殊要求告诉店员，他就能够为你推荐合适的酒。

## 对象

如果你的送礼对象是一位资深酒迷，那就去他经常买酒的地方逛逛吧，会比较容易找到他喜爱的酒。

如果你朋友还没怎么接触过葡萄酒，那么最好不要选择单宁太重或者太浓郁的红葡萄酒，白葡萄酒的清爽口感更容易被接受。

## 避免高价位

一方面,送礼物贵在情谊,不在价格,尤其初次见面,价格太贵反而会让人无所适从; 另一方面,大多数高价位的酒对温度、湿度等要求都很严格,如果朋友没有保存条件反而浪费了酒。

xx酒庄？这可是著名酒庄,不便宜吧!

## 礼品套装酒

许多商家会为顾客搭配成品礼盒,里面可能包含酒水、开瓶器、酒塞甚至是合适的酒杯。这样可以节约挑选的时间,礼盒送人也十分大气,只是成本会高一些。你也可以自行选购好符合心意的酒水,再搭配合适的包装。这样既显心意,又比较划算。

不划算　　　　划算

### 礼仪 1　轻拉凳子

到达餐厅，侍者会为女士拉开椅子。同行的男士也可以轻轻地拉开椅子，邀请女士就座，尽显绅士风度。

## 礼仪 2　点一瓶好酒

面对品种繁多的葡萄酒，你可能并不能很好地掌握它们的口味和特点，以及和食物的搭配，这时就请侍酒师充分发挥他的价值吧！把你的喜好告诉他，请他帮忙挑选合适的酒。

## 礼仪 3　检查信息

开瓶前，侍酒师会与主人核对葡萄酒的商标信息。确认无误后，侍酒师将开启这瓶美味。随后，侍酒师还会将瓶塞呈与主人二次检查。

**1** 确认瓶塞的酒名与酒标上的名称是否一致，如不一致，可以要求替换。

**2** 确认瓶塞是否有发霉和干裂现象，如果遇到这种情况说明酒可能已经氧化变质了。

## 礼仪 4 礼貌试酒

斟酒前，侍酒师会先为主人或指定人倒少许酒液，通过看、闻和试饮，确认酒液正常。同时，侍酒师也会为自己倒少量酒液，检查商品状态是否合格。

**看** 不用高举酒杯。应该对着白色餐布观察酒色，这样才能看清楚酒色的深浅、光泽和透明度。

**闻** 闻酒的香气时，不要把鼻子完全伸进杯口，这样杯壁会产生雾气，看着很不雅观。鼻子与杯口保持 2 厘米左右的距离比较合适。

没什么问题，就它了！

**试** 这个时候轻呷一小口就好，目的是确认酒液正常。

### 礼仪 5　让侍酒师帮忙整理方巾

为了避免酒液洒出来弄脏衣服，我们需要在喝酒时佩戴一块方巾。如果你不太会佩戴，没关系，可以找服务员或侍酒师帮忙，免得自己手忙脚乱。

### 礼仪 6　酒都斟好，再饮用

侍酒结束，终于可以畅饮了！但是，不要着急，等侍酒师给所有人都倒好了酒再喝。

第一轮酒喝完了，主人可以为其他人斟酒，也可以招呼侍酒师为大家斟酒。注意，如何斟酒也是有讲究的哦！

### 礼仪 7　正确地晃杯

用食指及中指按着杯座在桌上打圈是正确的方式，可以让杯中的酒与空气充分接触，还不容易溅洒出来。

### 礼仪 8　"一口闷"，不合适

喝葡萄酒不要一口吞掉，不然大家还以为你很口渴呢。正确的做法是轻呷一口，让酒液完全覆盖舌苔，感受酒味，再慢慢咽下。

### 礼仪 9　不小心打翻酒杯，不要慌张

红酒不小心打翻了，不用慌张，让服务员为你处理打翻的红酒吧，处理后向对方微笑着说声"谢谢"就好。

谢谢！

**礼仪 10** **注意仪态整洁**

用餐时，嘴巴上难免会粘东西，尤其是一些流食。所以，喝酒前一定要把嘴巴擦干净，保持整洁，不要嘴巴脏脏的就喝酒。这样看起来很不得体，而且也会影响葡萄酒的风味。

**礼仪 11** **劝酒可不好**

一定要根据自身的酒量适度饮酒，不要贪杯，也不要劝酒，要礼貌享用。

**礼仪 12** **用餐完毕，礼貌离开**

用餐时，注意不要把桌面弄得太乱。用餐完毕，将方巾放在盘子的左边或是餐盘里，表示用餐完毕，等待服务员处理。

**如何斟酒，有讲究**

## ① 斟酒的顺序

斟酒时，站在右方，从主人的右方起，顺时针依次给客人斟酒。

长辈

主人

女士

 长辈 →  女士 → 其他

如果有老人和女士在场，请优先侍酒。

## ② 斟酒量要适宜

白葡萄酒：不超过酒杯的 2/3 为宜

红葡萄酒：不超过酒杯的 1/3 为宜

起泡酒：先倒入 1/3，待气泡消退后再倒至七分满

## ③ 斟酒的手法

握瓶颈

握瓶身

❌

✅

倒酒时右手握住瓶身，不要握住瓶颈。

直接收起

转动瓶身

❌

✅

倒酒后，转一下酒瓶，瓶口的酒就会滴入杯中，不会沿着瓶壁流下来。

# 餐桌上的困惑

## 餐厅推荐的酒可以信任吗

先生，您好。请问您喜欢什么口味，我可以给您推荐。

不。我要自己选。

可以的。

十分钟过去了……

要不你还是给我推荐一下吧！我喜欢单宁稍重，口感浓郁一点的红酒。

陈先生，我可以信任餐厅推荐的酒吗？

好的，先生。这一款张裕酒庄的龙谕龙8混酿干红葡萄酒很适合你。

这么贵？你蒙我的吧！

## 从餐厅的角度来看

**1** 可以给客人一些专业性建议，避免客人因为不太懂得酒与食物的搭配原则而进行乱搭配，最后导致食物和酒都失去了应有的口感，给餐厅留下不好的印象。

**2** 餐厅根据销售数据对酒进行推荐，可以更好地把控酒的销售走向，有利于打造餐厅特色。

这酒的口感怎么变了啊？

我建议过您不要这样配菜的！

# 从客人的角度了解侍酒师

**1** 做向导。如果你对葡萄酒没有太多研究或不太熟悉，完全靠自己点酒可能会感到无从下手。这时，根据推荐酒单或者把你的需求告诉侍酒师，就可以根据自己的食物、预算等轻松地挑选到一瓶合适的葡萄酒。

**2** 节约时间。如果时间比较紧张，点酒可能会耗费大量时间，这可不是好事。这时候，找侍酒师推荐，可以帮助自己节约时间，去做一些更有趣的事。

**3** 捡漏儿。推荐酒单里常常会有单杯卖的酒，选择单杯酒可以避免因为人数不多而浪费。有些单杯酒的品质十分不错，价格也比较实惠，运气好的话，可以捡个大便宜！

总之，听一听餐厅的推荐不会有什么损失，还可以通过酒了解一下餐厅的品质和品位。

没有喝完，我可以寄存吗？

"这瓶酒好贵啊！可是我一个人，实在喝不完了……"

一些餐厅可以帮客人保存没有喝完的酒，时间在两个星期左右。但并不是所有的餐厅都提供这项服务。如果你想点瓶好酒又担心喝不完的话，可以先问问餐厅是否可以帮忙寄存或者打包带走。不然，真的很可惜。

请问，我可以换一瓶吗？

这得看情况。如果我们在试饮前就发现了问题，比如瓶塞干裂、发霉，或者酒的味道不对，当然可以换一瓶。但如果已经喝了一些才闹着要换一瓶，可没人会理你哦。

我可以带酒去餐厅吗？

根据《消费者权益保护法》，餐厅没有权利限制消费者自带酒水的行为，也不可向消费者收取"开瓶费"。但如果商家提供冰桶、酒杯一类的服务并公示或提前约定了收费标准，消费者还需按照约定支付服务费。

## 想喝好几种酒，什么顺序比较好？

每种葡萄酒都有自己独特的风味，品尝两种以上的葡萄酒时，有可能会因为味道混合在一起而感觉不出来它们原本的味道了。这时，我们可以参考以下的顺序来喝酒：

**1** 干——甜

建议以甜度逐步上升的顺序来喝酒，否则先喝甜度较高的酒，再喝干型酒，就感受不到干型酒的单宁了。

**2** 白葡萄酒、起泡酒——红葡萄酒

先喝红葡萄酒的话，受它所含的单宁成分的影响，会感觉不出来之后喝的白葡萄酒或者起泡酒清淡、新鲜的味道。

**3** 清淡——浓厚

先清淡后浓郁，每种风味都可以感受到。如果先浓郁后清淡，口中残留的浓郁酒味会影响清淡酒的风味。

斟酒、上酒一般也是遵循这个顺序哦！

**4** 浅龄——陈年

同一品种的酒，先喝年份小的，再喝年份大的。陈年越久越浓郁。

## White Wines

### PinotGrigio

~~~ $8 / $20
~~~ $9 / $22
~~~ $11 / $28

### Sauvignon Blanc

~~~
~~~
~~~

### Chardonnay

~~~
~~~
~~~

### Other Whites

~~~

## Red Wines

### Rose

~~~ $9 / $51

### Pinot Noir

~~~ $9 / $23
~~~ $10 / $32
~~~ $11 / $40
~~~ $12 / $44

### Merlot

~~~ $8 / $28
~~~ $12 / $44

### Cabernet Sauvignon

~~~ $9 / $26
~~~ $10 / $36
~~~ $13 / $50

### Zinfandel

~~~ $8 / $28
~~~ $10 / $36
~~~ $14 / $52

### Other Reds

~~~ $10 / $36
~~~ $11 / $40
~~~
~~~
~~~
~~~ $10 / $36

在酒单上，最常出现的葡萄酒类别的排列顺序是：

起泡酒或开胃酒　　白葡萄酒　　桃红葡萄酒

餐厅名称

葡萄酒的类别

甜酒或加强酒　　　　　　　　　　红葡萄酒

葡萄种类

不同餐厅的酒单不同，有的还会标明生产地、打折活动或者其他特别信息。如果看不懂也不用怕，大胆问问服务员或者侍酒师吧！

价格

酒名

先生，今天店里的干露酒庄赤霞珠干红葡萄酒特价哦！

太好了！

LESSON

6

第六课

## 酒要这样喝，菜需如此配

### 葡萄酒中的健康精灵

根据相关研究，葡萄酒中含有200多种对人体有益的营养成分，比如维生素、氨基酸等，有益健康。

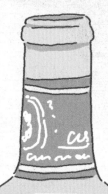

### 维生素
葡萄酒中含有多种维生素，比如 B1、B2、B5 等。

### 氨基酸
葡萄酒含有多种氨基酸，能帮助补充蛋白质，维持代谢平衡。

### 矿物质
葡萄酒中的矿物质能够轻松地被人体吸收，补充人体日常所需。

### 有机酸
葡萄酒中含有丰富的有机酸，可以帮助人体维持酸碱平衡，还能开胃、助消化。

### 多种糖类
含量丰富的葡萄糖和果糖可以被人体直接吸收，不会给身体造成负担。

### 白藜芦醇
具有很好的抗癌效果，从保健医疗的角度来看已具备治疗剂量。此外，还有抗氧化、美容的效果。

哇，好厉害！

## 葡萄酒也能"上头"，请严格控量

葡萄酒虽然富含很多营养物质，并且带甜味，不像白酒那么辛辣，很多人便以为葡萄酒可以多喝。但别忘了它也是酒！

## 每天饮用的分量

虽然葡萄酒的酒精含量一般在 8%～15% 之间，但是喝多了一样能让你倒下。一般来说，每天饮用葡萄酒的分量不要超过 150mL，小酌即可，肝病患者、未成年人、孕妇等不要饮酒。

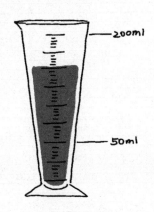

## 一周酒精摄入量

每周的饮酒量我们也要控制，不要多饮。

## 睡前饮用，安眠

你有过失眠的状况吗？失眠渐渐地成了很多人，尤其是年轻人的"深夜杀手"，严重的还需要药物助眠。其实，睡前喝点红葡萄酒也有不错的助眠效果。

为什么是红酒？而不是白葡萄酒、白酒或者啤酒呢？

因为真正起到助眠作用的并不是酒精，而是红酒中含有的褪黑激素。

不过，红酒只能起到轻微的助眠效果，切忌当成药物哦！

少量喝点红酒，处于微醺的状态，平静地躺下，放松身体，相信你今晚一定会睡得很香的。

## 暖胃的冬日热红酒

"真冷啊！"到了冬天，阵阵寒风吹起，胃也蜷缩了起来，让人很不舒服。这时，少量喝点红酒可以帮助我们驱赶寒意。

### 几款适合冬日的红酒

**红魔鬼 (Casillero del Diablo) 西拉干红葡萄酒**

西拉

颜色呈现宝石红，带有浓郁的巧克力、李子和香草的味道。

**山地文 (sandeman) 雪莉酒**

帕洛米诺

有着石榴红的酒体带有淡淡的香料及杏仁的芳香。

大冬天，把红酒煮一下，暖暖的，更可口了！

### 冬日煮红酒

在锅中倒入适量红酒，加入肉桂条、八角、切好的橙子或苹果，小火熬制 10 分钟左右，再加点蜂蜜，完美！

 *Tips:* **使用年轻便宜的葡萄酒即可**

## 放松身心，注入青春活力

工作压力、生活压力，有时真让人喘不过气。用葡萄酒搭配做点简单餐吃吧，能够提高食欲，放松身心，为我们注入青春活力。

### 葡萄酒搭配面包、沙拉和果酱

燕麦面包　　樱桃果酱　　玉米沙拉

### 红葡萄酒煮金橘

步骤1　　步骤2　　步骤3

洗净的金橘，用开水
煮3~4分钟。

待金橘稍凉以后用牙签
在上面戳出一些小洞。

将金橘放入红酒中，
小火煮30分钟即可。

# 葡萄酒浴，改善血液循环

温泉浴、鱼浴大家一定都听说过或者尝试过，有没有试过葡萄酒浴？漂亮的葡萄酒浴可以帮助清除毛孔中的污垢，促进血液循环，让疲惫的身体恢复活力，使全身放松。

1 在放好热水的浴缸中放入 2 瓶葡萄酒，池水以人坐着刚好漫过胸部为宜，全身浸泡在酒中。

2 用双手对全身进行按摩，使身体微微发热，15～20分钟即可。

3 最后必须要用清水冲洗干净！

葡萄酒毕竟不便宜，如果没办法如此奢华，也可以在正常的沐浴后，将葡萄酒涂抹在身上，轻轻拍打，直至肌肤将葡萄酒完全吸收。就像涂乳液，一样有不错的效果哦。

### 红酒配红肉

红肉，指烹饪前颜色呈红色的肉，比如牛肉、羊肉、猪肉、兔肉等，绝大多数来自哺乳动物。

红肉的味道较浓重，所以搭配口感浓郁，酒体壮实的红葡萄酒比较合适。

油脂丰富

鲜嫩适口

羊肉

口味醇厚

牛肉

口感结实

膘肥脂润 肉质紧密

猪肉

一方面，红酒中的单宁能够软化红肉中的纤维，使得口感细腻柔软。并且单宁的酸涩感能去除肉类的油腻感。

另一方面，通常红肉本身带有比较浓重的味道，所以烹调方式也以重口为主。这时搭配红葡萄酒既不会抢了菜肴本身的风头，又可以达到锦上添花的效果。如果搭配白葡萄酒来使用，也许会将白葡萄酒本身清爽的质感掩盖掉。

## 腌熏肉、酱肉

除了红肉外，腌熏肉、酱肉等的味道也比较重，也适合搭配红葡萄酒。

### 红葡萄酒与辣的激情碰撞

中国辣味菜肴品种繁多，除了本土 cp 外，葡萄酒也是一个不错的选择。

比如：最能代表中式菜肴之一的四川火锅，选择一瓶来自澳大利亚的设拉子，略带辛辣气息的设拉子葡萄既不会被热辣的火锅掩去风采，又可以为吃火锅这件事提供特别的体验。

# 香嫩法式小羊排

材料：羊排、黑胡椒、盐、迷迭香、大蒜头

---

**1**

准备好新鲜的羊排，放置到常温后，洒满研磨黑胡椒，也可加一点白胡椒粉，整头大蒜横着切半，迷迭香洗净。

**2**

铁锅烧热，放油，待油烧热冒烟。先煎有羊油的一面，大火煎个1分钟。

**3**

再翻面煎另外两面，大火煎到有焦色（美拉德反应）再翻面。

\* 美拉德反应是指食物中的蛋白质和碳水化合物在高温下发生的一种反应。

**4**

改小火，把蒜头和迷迭香下锅，有蒜香迷迭香传出就关火，大约煎1~2分钟。

**5**

将迷迭香和蒜头一起放入预热好的烤箱或空气炸锅中，温度调至180度待8分钟。

**6**

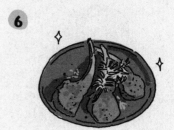

出锅装盘，再撒一些研磨盐或普通盐，就完成了。

# 香煎牛排

材料：厚切牛排、橄榄油、黄油、海盐、黑胡椒、百里香、大蒜

---

**1 解冻**

将牛排常温解冻，不用冲洗，用厨房纸擦干血水。

**2 腌制**

两面撒盐、黑胡椒、橄榄油，充分涂抹均匀。

**3 煎锅**

烧干平底锅，开始冒烟时倒入适量橄榄油，下牛排，全程中大火。一面出现焦化后再翻面。

**4 调味**

根据个人喜好将牛排（2厘米左右）煎至3～5成熟，总共大约煎2分钟，待快出锅时加入黄油、蒜碎和百里香，并将它们不断淋在牛排表面。

**5 醒肉**

煎好的牛排取出装盘，再用锅盖盖上静置5分钟，最后切片，撒点海盐和黑胡椒就可以享用啦！

> 浇淋黄油是制作法餐的重要手法，叫 arroser。

# 白酒配白肉

白肉，指烹饪前颜色呈淡白色的肉类，比如鱼肉、虾肉、贝类、鸡肉、鸭肉、植物肉等。食用这些肉类主要是感受其鲜美的味道和柔嫩的口感，比较浓重的酱汁或过多的调味料会掩盖它们本身的味道。

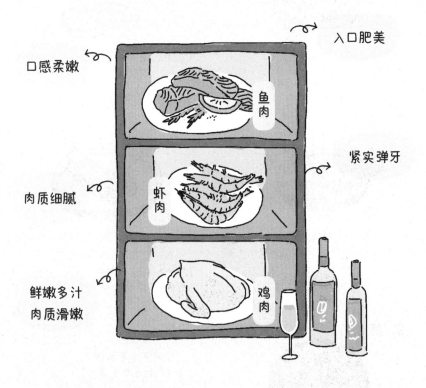

白葡萄酒中含有能够去腥味的物质，可以去腥保鲜。同时，白葡萄酒中的"酸"能够增加海鲜的清爽口感，也不会抢了肉类的风头。两者搭配起来既使其肉类的口感更加清爽滑嫩，也能将海鲜的鲜味发挥到极致，酒味也更加悠长。

# 烤银鳕鱼

鳕鱼、西洋芹、大蒜、柠檬、盐、胡椒、油

鳕鱼表面撒上盐、胡椒腌制待用。

平底锅中倒入适量油，鳕鱼煎熟后起锅装盘。

西洋芹、大蒜切碎，柠檬切片。

将切碎的西洋芹、大蒜撒于鳕鱼表面，配上柠檬即可。

# 香煎金枪鱼

金枪鱼、芦笋、小西红柿、蒜茸、姜茸、酱油、酒、胡椒、油

将蒜蓉、姜蓉、酱油、酒、胡椒混合，为腌制调料备用。

将金枪鱼切块放入第一步准备好的调料中腌制。

锅内倒入适量油，放入金枪鱼，煎至上色后起锅装盘。

将腌制好的调料放入锅中并加入酒，芦笋下锅翻炒，收汁后浇于金枪鱼表面。

# 清蒸大闸蟹

大闸蟹、绳子、生姜、生抽、香醋

**1** 把洗好的大闸蟹用绳子纵横捆好，避免螃蟹在蒸的时候翻面。

**2** 放入姜片，水烧开，螃蟹腹部朝上放入锅中，中火蒸煮16分钟左右。

**3** 用姜末、生抽、香醋调好蘸水，就可以享用啦。

# 蒜蓉生蚝

生蚝、蒜蓉酱、油

  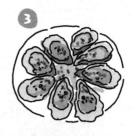

| 蒜蓉 | 辣椒 | 葱花 | 鸡粉 |
| 生抽 | 耗油 | 盐 | 姜 |

**1** 洗净开口的生蚝，铺在蒸炉上。

**2** 调好蒜蓉酱，最后用热油炝香，搅拌均匀。

**3** 把蒜蓉酱铺在生蚝上，大火蒸5分钟即可，放上葱花，用热油炝香。

大部分口味清淡的海鲜搭配红葡萄酒都会产生难以下咽的铁锈味！如果好奇……要不试一试？

## 起泡酒搭配海鲜

起泡酒风格清新，有稳固而清爽的酸度，搭配生蚝、刺身等海鲜，清新爽口。

这丰富的气泡、可口的酸度和美妙的风味！

## 甜葡萄酒搭配重口味

甜酒的味道偏重，在菜品的搭配上也适合重口味，所谓"负负得正"，比如蛋糕等甜点，浓油赤酱类型的菜肴。

同时，菜与酒的甜味相中和后，葡萄酒中的酸和一些香气会表现得更明显，口感更加复杂多样，简直是天作之合！

# 葡萄酒也能搭配中国菜

虽然葡萄酒搭配西式菜品比较多，但现在越来越多的人也用来搭配中国菜。中国菜酸甜苦辣什么味道都有，口味极其丰富。下面就给大家介绍几款搭配葡萄酒不错的经典菜品。

**脆皮鸡**

整鸡在热油中滚炸，皮脆肉滑，再蘸上特制的酸辣酱，那叫一个爽！

不过，因为是油炸，多吃不免觉得油腻，搭配一瓶酸度较高的白葡萄酒就很合适。白葡萄酒的酸度会带走鸡肉的油腻感，在口中留下丰富的果香，鸡也更加酥脆了。

**回锅肉**

四川家家户户都会做的一道菜，多用五花肉配上甜面酱、豆瓣酱等制作而成，色泽红亮，口感咸鲜微辣，肥而不腻。可以搭配酸度较高的红葡萄酒或者清爽的白葡萄酒，既能保留肉的鲜味，又能去除其油腻，多吃一点也不腻。

闽菜的代表菜式。以多种海鲜为原料，汤味鲜美，具有补虚养生的功效。搭配一瓶酒体饱满的霞多丽白葡萄酒，一定是个不错的选择。

九转大肠

猪大肠，本身的脏腥味比较大，许多人难以入口。但清光绪年间，济南九华楼酒楼的妙手一烧，口感绝妙，荣升为大肠爱好者的天堂。大肠经过煮、烧后，吃起来酸、甜、咸、香，且成菜有辣感，四味俱全，搭配一杯口味稍重、带有香料气息的红葡萄酒正好。

北京烤鸭

北京烤鸭搭配一瓶酒体肥壮的仙粉黛红葡萄酒，浓郁热烈的果味芳香与果木烤鸭含蓄的表达竟然可以一拍即合，就像一次东西方的愉快对话。

# 葡萄酒，也能做菜

提到用酒来烹饪，中国人早习以为常了！像料酒、白酒、啤酒等都是厨房里常备的调味品。而如今，红酒也开始进军厨房了！它独特的酸、甜、涩味道为菜肴增添了更加丰富的层次感，能够与主食、肉类、海鲜、甜点等完美搭配。

## 红酒意大利面

意大利面、红酒、番茄酱、洋葱末、大蒜泥、黄油、豆蔻粉、百里香、橄榄油少许，猪肉肠两根剁成馅。

**1** 锅中加水烧开，放入意大利面和盐，煮8分钟左右起锅备用。

**3** 加入切碎的肉肠继续翻炒，出油后加入番茄酱，稍后加入黄油搅拌均匀。

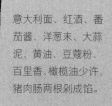

**2** 加入红酒、豆蔻粉和百里香后煮至开锅，一份意大利酱汁就调好了。

**4** 平底锅中放入橄榄油，烧热后放入蒜泥和洋葱末炒香。

**5** 将调好的酱汁浇至煮好的意大利面上，红酒意大利面就做好啦！

## 日式红酒猪肉烩饭

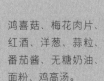

鸿喜菇、梅花肉片、红酒、洋葱、蒜粒、番茄酱、无糖奶油、面粉、鸡高汤。

梅花肉片切小后，锅中加油，双面煎至发焦后盛出。

洋葱丝炒至软化，加入鸿喜菇、蒜粒、面粉和红酒，中火煮30秒。

加入鸡高汤，中火煮至沸腾，加入番茄酱和糖搅拌均匀。

加入肉片，小火焖3分钟，最后加入无糖奶油和盐。

## 葡萄酒养生粽

糯米泡水3小时左右，滤干水，加入红酒拌匀，放置3小时。

加入香菇、竹笋和虾米，与糯米一起炒香。

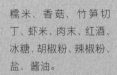

糯米、香菇、竹笋切丁、虾米、肉末、红酒、冰糖、胡椒粉、辣椒粉、盐、酱油。

加入肉末、胡椒粉、辣椒粉、冰糖、盐炖煮入味，起锅时加入适量酱油。

包入粽叶，绑好线即可。

## 葡萄酒与肉类

### 红酒螺片

① 响螺干洗净用水泡软，放入锅中煮熟，取出切片备用。

② 洋葱丝炒至软化，加入鸿喜菇、蒜粒、面粉和红酒，中火煮30秒。

响螺干、红酒、鸿喜菇、蒜粒、面粉、精盐、味精、白糖、无糖奶油。

③ 切片的响螺片放入红酒中，腌制约50分钟，捞出装盘。

④ 加入肉片，小火焖3分钟，最后加入无糖奶油和盐。

### 红酒柠檬煎鳕鱼

鳕鱼、姜片、红酒少许、柠檬汁、盐、油、清水、适量时蔬。

① 锅中放油烧热，放入姜片爆香，放入鳕鱼。

② 鳕鱼双面各煎2分钟。

③ 挤两滴柠檬汁，倒入红酒、盐、清水煎煮，汤汁收到一半时起锅。

④ 最后，搭配一点新鲜的时蔬，一道美味的红酒柠檬煎鳕鱼就做好了。

# 红酒牛排

**1** 牛肉洗净切片，并用刀背拍七八分钟。

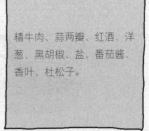

精牛肉、蒜两瓣、红酒、洋葱、黑胡椒、盐、番茄酱、香叶、杜松子。

**2** 加入黑胡椒、盐、20毫升红酒，腌制1~2个小时。

**4** 在加油的锅中加入蒜末、洋葱末、香叶和杜松子小火翻炒，洋葱炒透后加入番茄酱，稍后加入红酒，炒香后加入黑胡椒、盐，几分钟后收汁出锅。

**3** 肉腌好后裹上水淀粉，在有油的平底锅中小火煎制七成熟。搅拌均匀。

**5** 把汤汁浇在牛排上，一份红酒牛排大功告成！

# 葡萄酒与蔬菜、水果

## 红酒烩紫甘蓝

紫甘蓝、洋葱、红酒、高汤、油、丁香、白糖、盐、白胡椒粉。

**1** 紫甘蓝放入碗中，倒入200毫升左右的红酒，加入盐和丁香腌渍片刻。

**2** 锅中倒入油烧热后放入洋葱末，炒至焦黄。

**3** 滤出红酒中的紫甘蓝丝，倒入炒锅翻炒至变软。

**4** 撒上盐和白胡椒粉后再翻炒几下。

**5** 加入高汤，盖上锅盖焖几分钟。

出锅后，淋上腌渍过紫甘蓝的红酒，撒点白糖，快快享用吧！

## 红酒炖雪梨

雪梨、干红葡萄酒、可乐、鲜柠檬、冰糖。

**1** 雪梨去皮去核后切片。

**2** 将雪梨片、干红葡萄酒、冰糖和可乐一起放入锅中煮至雪梨变软。

**3** 加入柠檬片调至小火再煮5分钟即可。

## 法式红酒炖蜜桃

脆桃、红酒、冰糖、桂皮、丁香。

**1** 脆桃洗净，去皮去核后切成厚片。

**2** 将红酒倒入锅中，放入冰糖、桂皮、丁香，小火煮10分钟左右。

**3** 切好的脆桃片放入锅中，小火煮10分钟左右即可。

**葡萄酒与甜品**

鱼胶片、白葡萄酒、鸡蛋、
砂糖、奶油芝士、可可粉、
手指饼干、咖啡。

## 干白提拉米苏

**1**

将鱼胶片放在冰水中
泡软。

**2**

将蛋黄和砂糖隔水加
热并打发。当温度达
到60℃左右的时候
加入泡软的鱼胶片打
成胶状。

**3**

在蛋黄胶中加入奶油
芝士并充分打匀。

**6**

加入少许白葡萄酒后
充分搅匀。

**5**

将奶油打发加入第4
步的酱中。

**4**

将蛋白和砂糖打发后
加入第3步的酱中。

**7**

将手指饼放在热咖啡
中泡软，再排列成方
形，用模具切掉多余
的部分。

**8**

将提拉米苏酱倒入模
具中，再放入冰箱中
冷藏2小时左右。

**9** 最后撒上可可粉作
为装饰即可。

# 红酒蛋糕

**1** 将低筋粉、榛子粉、肉桂粉、可可粉、烤粉混合并搅拌均匀，过筛后备用。

**2** 黄油和糖打发至黏稠胶状，加入鸡蛋和香草精。

红葡萄酒、低筋粉、榛子粉、肉桂粉、可可粉、烤粉、黑巧克力（敲打成碎屑）、黄油、砂糖克、鸡蛋，香草精。

**3** 加入红酒、黑巧克力和过筛后的粉类原料充分搅拌。

**4** 倒入模具内，放入烤箱（提前预热至180℃），烘烤1小时即可。

**5** 把黑巧克力酱均匀地抹在蛋糕表面，即可享用甜甜的红葡萄酒巧克力蛋糕！

# 葡萄酒作配料也是有讲究的

> 加加加，看我猫厨师的红酒烩饭！

> 阿饼厨师，你到底是在做菜还是煮酒啊？

像阿饼这样放这么多红酒，最后什么味道都没了。

虽然葡萄酒可以做这么多菜，腌制、烹煮或者后期调色增味，但是想要做得好，也是有讲究的！不然，你可能不仅浪费了酒，还浪费了菜。

## 要点 1 注意酒与食材的搭配

葡萄酒与烹饪食材的搭配大致与葡萄酒配餐的搭配相同，基本可以遵循"红酒配红肉，白酒配白肉"的原则。

## 要点 2 只选择你想喝的葡萄酒

用葡萄酒来烹饪，风味依旧会很明显。所以，请只选择你打算用来喝的葡萄酒来烹饪食材，不要用那些你不喜欢的。不然，都不喜欢喝，做成菜可能同样不会引起你的食欲。

**没必要选择太贵的葡萄酒**

虽然优质的葡萄酒口味会更好，但是对于烹饪来说，只要不是太差，品质过关的葡萄酒都可以为菜肴增添风味。"一分价钱一分货"加个高昂的葡萄酒还是开瓶享用吧。

要点 **4** **把握好量**

如果是煮红酒，量可以大些。但如果只是作为调味汁用来提亮食材风味或优化菜品味道，那么量就不适合过大，否则掩盖了菜的味道，就本末倒置了。当然，这也要根据具体菜而定。

要点 **5** **不要忽略酒精**

在烹煮过程中，酒精会挥发掉一部分，时间越长，精的挥发量就会越多。所以，也可以根据烹煮的时间来控制用酒量。一定要用量大的话，尽量不要吃太多，否则就会像很多人吃醉蟹、醉虾一样，会吃醉的。

# 混合的美味
## ——鸡尾酒

鸡尾酒（Cocktail）是一种由两种或以上的非水饮料混合而成的饮料，其中至少有一种含酒精。其特殊的调配方式和无限创意的自由度，使得鸡尾酒在口感上呈现出极佳的表现，令人流连忘返。无论是聚会还是休闲时光，鸡尾酒都是最好的选择之一。

1776 年，纽约，一家用鸡尾羽毛作装饰的酒馆里。

还有一种说法是一个少年用树枝为上岸的海员们搅了一杯混合酒，海员问名字，少年以为是问树枝的名字，便回答"可拉捷、卡杰"，这是一句西班牙语，也有鸡尾巴的意思，海员们便以为该混合酒叫"鸡尾巴酒"，后来就叫做了鸡尾酒。（不过，鸡尾酒到底是如何诞生，目前没有准确说法）

# 调制鸡尾酒的六大基酒

基酒是鸡尾酒中的主料，它主导着一杯鸡尾酒总体的口味和风格。有六大基酒，它们都是40°左右的烈性蒸馏酒。

## 伏特加 /Vodka

以谷物或马铃薯为原料，无色且清淡的爽口烈性酒，在俄语中的意思是"生命之水"。

## 白兰地 /Brandy

用葡萄发酵蒸馏酿造而成，口味丰富，在法国被称为"大人的牛奶"。尤其以法国干邑地区出产的酒的品质最为优秀。

## 龙舌兰 /Tequila

龙舌兰酒的酿酒原料是石蒜科多年生草本植物龙舌兰，是墨西哥的国酒，被称为"墨西哥的灵魂"。

## 朗姆酒 /Rum

以甘蔗糖蜜为原料，口感甜润，颜色呈微黄色、褐色，原产地在古巴共和国。

## 金酒 /Gin

又名琴酒，杜松子酒，享有"鸡尾酒心脏"的美誉，是对鸡尾酒的进化做出巨大贡献的"烈性酒之王"。

## 威士忌 /Whisky

由大麦等谷物酿制，人们经常在冬天喝，有很好的驱寒作用。

**十款经典鸡尾酒**

### 血腥玛丽

以伏特加为基酒

看着血腥恐怖的血腥玛丽其实没有任何恐怖原料，而是由伏特加、番茄汁、柠檬片、芹菜根混合调制而成的。

### 莫吉托

以朗姆酒为基酒

磨碎的薄荷叶中加入青柠，口感清爽，在所有鸡尾酒中热量最低，口味也十分清爽。

### 长岛冰茶

伏特加、朗姆酒、金酒、龙舌兰酒四种基酒再加入冰块、白薄荷酒、柠檬汁等配料调制而成的一款鸡尾酒。在星座中长岛冰茶代表水瓶座。

鸡尾酒之王

### 马提尼

以金酒为基酒

最开始马提尼以金酒为基酒，调入甜味苦艾酒作为辅料，后来随着时代的变迁，人们的口味从甜蜜转变成了辛辣。

### 玛格丽特

以龙舌兰为基酒

调酒师让·杜拉斯（Jean Duras）为纪念自己的已故恋人而创作，柠檬汁的酸味代表着调酒师失去爱人的酸楚，抹在杯口的盐霜代表思念的泪水。

**白兰地亚历山大**

以白兰地为基酒
由白兰地、奶油和可可利口酒调制而成，口感顺滑香甜，像是融化的雪糕。

**新加坡司令**

世界上唯一一款由华人发明的鸡尾酒。此酒以金酒为基酒，口味酸甜可口，却是个不可小觑的"醉酒杀手"。

**龙舌兰日出**

以龙舌兰为基酒
在少量墨西哥产的龙舌兰酒中加入大量橙汁，配以少量红糖水，颜色由黄到红渐变，卖相十足！

**曼哈顿**

以威士忌为基酒
加入少量苦精点缀，苦与甜平衡得很好，是最经典的鸡尾酒之一。

**边车**

以白兰地为基酒
在白兰地基酒中加入君度（橙酒），带有清爽的柑橘味，调配成优秀的边车，口感会随着温度的变化而变化。

**葡萄酒也能调制鸡尾酒**

### 桑格里拉 Sagarila

红酒、白兰地、雪碧、适量柠檬、
橙切片、水果丁

 以葡萄酒作为基酒，
加入时令水果浸泡，
冰镇后加入你喜欢的
饮料，比如白兰地，
苏打水等等。

### 贝利尼 Bellini

起泡酒、桃子酒、适量的石榴糖浆

（先将各类原料冰冻）

将桃子酒和石榴糖浆倒入
并搅匀，最后加入起泡葡
萄酒。

### 含羞草 Mimosa

白葡萄起泡酒、橙汁（1:1）

（先将各类原料冰冻）

在杯中倒入 1/2 的起泡
酒，再加入橙汁即可。

### 天堂里的盖亚 Paradise Gaia

红宝石波特酒、蜜桃露（2:3）、
适量苏打水

（先将各类原料冰冻）

将蜜桃露和苏打水倒入杯
中充分搅拌，然后加入红
宝石波特酒即可。

## 粉色贵族 Pink Royal

菲丽宝娜粉红香槟 10 份，
柠檬汁 1 份，干邑白兰地 2 份，
柠檬糖浆 4 份（5：05：2：2），冰块适量。

将除香槟以外的其他原料全部放入调制壶中搅拌均匀，倒入冰冻过的酒杯（盛装时要去掉冰块），最后加入菲丽宝娜粉红香槟即可。

## 东方玫瑰 Oriental Rose

香槟酒、山竹利口酒、石榴汁（10：1）、
山竹果肉、适量碎冰

将原料全部放入调制壶中，充分搅匀即可。

## 仙桃美人 Peach Lady

牛奶、红石榴汁、桃味利口酒
和白葡萄酒

依次加入牛奶、红石榴汁、桃味利口酒和白葡萄酒，充分摇匀后滤入杯中即可。

## 葡萄酒精灵 Wine Spritzer

冰镇的白葡萄酒或桃红葡萄酒、
苏打水

将原料全部倒入装满冰块的冷冻酒杯，再装饰上水果即可。

第七课

秘密基地之
葡萄酒的产区

# 优雅的代表
## ——意大利

意大利是西欧最早酿制葡萄酒的国家，有记载的意大利葡萄酒历史可以追溯到4000多年前。而这一切又起源于当时热衷于扩张的罗马人。

公元前4世纪末，强大的古罗马开始扩张。据说古罗马士兵出征的时候会随身带着葡萄树树苗，领土扩张到哪里就在哪里种下葡萄树。所以，带动了西欧葡萄种植业的发展。

在葡萄酒的酿制上，意大利人非常注重葡萄酒的个性，他们认为这是葡萄酒的灵魂。所以，意大利的绝大多数庄园都保持着传统的手工操作方式，最大限度地保留了葡萄酒的个性和特色。除了品质，意大利葡萄酒的产量也很高，是世界上葡萄酒产量最高的国家之一，葡萄酒出口量在世界范围内也一直名列前茅，全世界有五分之一的葡萄酒产自意大利。

# "ABBBC" ——意大利高级葡萄酒的代名词

意大利的优质葡萄酒众多，但是来自意大利最高级的优质法定产区的这五款葡萄酒颇具名声。它们展现了意大利葡萄酒浓郁、醇厚、陈年潜力佳等特点，被酒迷们统称为"ABBBC"。

## 𝒜marone（阿玛罗尼）

阿玛罗尼产自威尼托的瓦坡里切拉产区，是用晒成半干的葡萄酿造的干型红葡萄酒。当葡萄果实经过风干后，糖分和风味高度浓缩，因此酿成的阿玛罗尼口感甜美，风味浓郁，酒精含量也较高。

## ℬrunello（布鲁奈罗）

布鲁奈罗的全称是"Brunello di Montalcino"，是产自意大利中部托斯卡纳蒙塔希诺镇的 DOCG 级别红葡萄酒，被誉为"托斯卡纳皇冠上的明珠"。

100% 的桑娇维塞葡萄酿造！

上市前，布鲁奈罗必须经历至少5年的陈酿，其中至少有 2 年要在橡木桶中陈酿。它采用 100% 的桑娇维塞葡萄酿造，果味奔放，酸度高，单宁厚重，酒体饱满，极具陈年潜力。

## Barolo（巴罗洛）

巴罗洛产自皮埃蒙特产区，由100%内比奥罗葡萄酿造而成。巴罗洛单宁含量高，酸度充沛，结构强健，风味复杂，带有玫瑰花瓣和樱桃等风味。巴罗洛曾是法王路易十四等王公贵族的心头好，被誉为"王者之酒，酒中之王"。

**罗伯特·帕克**

美国品酒大师，被世人誉为欧美地区的"红酒教父"。

此酒单宁强烈，年轻时往往难以驾驭，简直就是一匹桀骜不驯的野马啊！

## Barbaresco（巴巴莱斯科）

独具现代风格的巴巴莱斯科葡萄酒果香浓郁甜美，有果酱般浓缩的风味。

巴巴莱斯科葡萄酒至少要经历26个月的陈年才能上市销售，而珍藏级巴巴莱斯科葡萄酒（Barbaresco Reserva）则需要至少50个月的陈年，具有较高的陈年潜力。

曾经，巴罗洛对于巴巴莱斯科来说就是那个"别人家的孩子"，总被拿来比较。好在，它奋起直追，现在已经和巴罗洛分别被戏称为意大利葡萄酒的"国王"和"王后"！

# 𝕮𝖍𝖎𝖆𝖓𝖙𝖎 𝕮𝖑𝖆𝖘𝖘𝖎𝖈𝖔 （经典基安蒂）

经典基安蒂葡萄酒产自托斯卡纳大区，是意大利骄傲的"黑公鸡"。按照法规，经典基安蒂必须采用 80% 以上的桑娇维塞葡萄酿造，至少陈年 2 年，其中至少 3 个月是在瓶中陈年。

它年轻时通常呈现明亮的宝石红色，带有红樱桃、黑樱桃、李子和覆盆子的风味，酸度突出，口感复杂。经典基安蒂很百搭，甭管香料十足的烤肉还是清新的奶酪，搭配起来都不错。

# 超级托斯卡纳 （Super Tuscan）

托斯卡纳大区是意大利中部的一个大区，而超级托斯卡纳则是托斯卡纳大区出产的一类酒的统称或者说是一种风格，是反叛与创新的传奇。

1963 年，意大利政府效仿法国推行 DOC（意大利葡萄酒的质量和产区认证标准）以及 DOCG（比 DOC 更高级别，要求更严格的生产条件和官方品质测试）两个等级制度。托斯卡纳的基安蒂产区，DOC 制度的规定较为严苛：所有葡萄酒都需要使用桑娇维塞葡萄来酿造，在混酿中使用的比例却不能超过 70%。这虽然保证了品质，但也带来了束缚。于是一部分先驱者便大胆放弃 DOC，尝试在基安蒂地区种植传统的桑娇维塞葡萄之外的葡萄品种，比如赤霞珠、美乐、西拉、霞多丽等。同时，橡木桶的使用技术得到了提高，至此，超级托斯卡纳葡萄酒便诞生了，西施佳雅便是代表！

# 意大利"四大雅"

在超级托斯卡纳中有四款可以称为"超级超级托斯卡纳",分别是西施佳雅、索拉雅、欧纳拉雅和嘉雅,乃意大利顶级酒的代名词。有趣的是,这四款酒的名称的尾音都是"雅",因此,被统称为意大利四大"雅"。

## 西施佳雅 (Sassicaia)

产自圣圭托酒庄(tenuta san guido),使用100%桑娇维塞葡萄酿制而成。散发出浓郁的浆果气息,伴随清新的鲜花和本草香气,并带有明显的矿物感,结构出色,酸度迷人,于1968年首次面世。在当年的国际盲品评比中,西施佳雅就震惊了整个葡萄酒界,一举成名!

西施佳雅白露干白葡萄酒

## 欧纳拉雅 (Ornellaia)

产自位于意大利托斯卡纳的欧纳拉雅酒庄。

酒液色泽鲜明,散发出黑醋栗和樱桃等复杂的水果香气,夹杂着香料、草本和烟草的气息,入口后口感饱满,单宁坚实,余味悠长。

欧纳拉雅酒庄红葡萄酒

## 索拉雅 (Solaia)

索拉雅红葡萄酒产自安东尼世家，在《葡萄酒观察家》2000 年百大葡萄酒的评选中，1997 年份的索拉雅红葡萄酒当选冠军，成为历史上第一款获此殊荣的意大利葡萄酒。

这款酒的酒液呈现明亮的宝石红色，散发着黑莓、黑醋栗等黑果以及李子果酱的香气，还带有薄荷和花香的清新感，余味经久不散。

索拉雅干红葡萄酒

## 嘉雅 (Gaja)

嘉雅酒庄位于意大利皮埃蒙特，创建于 1985 年，目前仍为嘉雅家族所拥有。嘉雅酒庄拥有众多葡萄园，其中位于巴巴莱斯科的几个单一葡萄园最为出名，比如罗斯海岸园。

嘉雅酒庄出产的葡萄酒风格各异，品质优秀，其中巴巴莱斯科红葡萄酒是巴巴莱斯科的典范，即为"四雅之一"。

嘉雅巴巴莱斯科
红葡萄酒

# 难以超越的品位 ——法国

公元前51年，凯撒大帝征服了高卢地区，正式的葡萄树栽培在法国展开。从那时开始，法国就是世界上最重要的葡萄酒产国之一，无论是产区还是葡萄酒都质量优秀，让世界各国望其项背，视为标杆！

##  法国两大葡萄酒产区

法国的葡萄种植面积位居世界前三，葡萄园遍布全国，比如我们已经介绍过的香槟产区。不过，在波尔多产区和勃艮第两大产区面前，香槟产区也只能算个小弟了。这两大产区可以说造就了法国葡萄酒的神话！

### 波尔多产区的调配神话

波尔多位于法国西南部，因为西临大西洋，有着温暖的海洋性温带气候，全年气温变化不大，有利于酿造复杂多变的葡萄酒。混酿葡萄酒是波尔多产区的特色。

波尔多左岸主要以赤霞珠为主，调配梅洛、品丽珠等；右岸则以梅洛为主，调配赤霞珠、品丽珠等。波尔多的白葡萄酒也采用混合调配的方法，主要以长相思为主，调配赛美蓉。

梅洛 ＋ 赤霞珠 ＋ 品丽珠

葡萄酒调配

在酿酒桶中陈酿

在橡木桶中陈酿

最终调配

装瓶

这就是波尔多红酒的调配过程！

# 勃艮第的纯净血统

勃艮第产区位于法国东北部，位置偏北，气候寒冷，为
深居内陆的大陆性气候，几乎接近红葡萄种植的极限位
置，酿造方式为使用单一葡萄品种。产区内主流的红葡
萄为黑皮诺，白葡萄为霞多丽。

勃艮第地质优良，由黏土、石灰岩等组成的沉积土有很好的排水性，非常适合黑皮诺这种天
性较弱的葡萄生长，还可以增加葡萄的风味。

黏土

石灰岩

勃艮第的土质同时具有多变性。有时，同一个葡萄园里的土质都有可能不同，这就造就了葡
萄酒的口感或清新淡雅或强劲有力，独特且善变。难怪有专家说："最完美的黑皮诺来自勃
艮第。"

## 法国的重要酒庄

如果谈论葡萄酒酒庄，可以说世界上 1/3 的知名酒庄都来自法国，酒庄已经成为人们了解法国的一张重要名片。

## 木桐酒庄

### Chateau Mouton-Rothschild

木桐酒庄是法国波尔多地区的一家著名葡萄酒酒庄。它位于法国西南部的梅多克产区，是五大顶级酒庄之一。

这个酒庄拥有 203 公顷的葡萄园，种植的主要的葡萄品种包括赤霞珠、梅洛、品丽珠和小维多。该酒庄生产的红酒采用传统的波尔多混酿法，将不同的葡萄品种混合在一起酿制。酿制过程非常精细，每个步骤都经过仔细的控制，以确保酒的质量和口感。

木桐酒庄自 1922 年起，开始委托著名艺术家设计每年的酒标，其中包括毕加索、达利等知名画家。这些酒标已经成为这个酒庄的特色。木桐酒庄的葡萄酒艺术博物馆非常有名。1962年，由法国文化部长安德鲁·梅瑞斯亲自主持博物馆的开幕式，专门收藏与葡萄酒相关的各类艺术品，是个欣赏葡萄酒相关艺术的好去处！

# 伏旧园

## Clos de Vougeot

伏旧园是法国勃艮第地区教会葡萄园的经典代表，也是法国修道士们最早建立的酒庄之一。曾经，这是一个军队经过也要向其行礼的传奇酒庄。

据传，在拿破仑发动东征时，他曾派人前来强行索要伏旧园藏有 40 年的"镇园之宝"。当时的园主毫不屈服，傲然回绝皇帝：如果您想品尝，那就请亲自光临吧！

另外一个传说是关于拿破仑麾下的比松少将的。一次他率队经过伏旧园，命令部队向它致以最高敬礼。

从此，每当法国军队经过伏旧园，都会按照这个规矩向这座园子敬礼，这也使得伏旧园成为全法国唯一享有此殊荣的葡萄园。

如今这里基本已经没有酿造葡萄酒的功能，而成了一个纪念馆。游客可以来此了解葡萄酒酿造的历史，参与有趣的葡萄酒相关活动。

# 侯伯王酒庄

## Chateau Haut-Brion

侯伯王酒庄也被称为奥比安酒庄。它是波尔多地区最古老的持续运营的酒庄之一，也是波尔多五大顶级酒庄之一，历史可追溯到 16 世纪。

侯伯王酒庄拥有共计 51 公顷的葡萄园，其中有 90% 种植红葡萄，主要是赤霞珠、梅洛和品丽珠。酒庄的白葡萄也具有超高品质，是波尔多唯一一个以红、白葡萄酒"双绝"的顶级酒庄。几经易手，1958 年后，侯伯王酒庄被狄伦家族纳入麾下。

侯伯王酒庄发展了这么多年，其管理者中有很多都是伯爵、外交官、银行家、王室政要等重要人士，英国国王查尔斯二世也曾选用侯伯王城堡葡萄酒为佐餐酒。侯伯王城堡葡萄酒在一定程度上是高端奢侈品的代表。

侯伯王酒庄位于波尔多的格拉夫（Graves）产区，这个区域拥有充满砾石的排水良好的土壤、温和的海洋性气候以及充足的阳光，这些条件共同创造了理想的葡萄成熟环境，使该区域能够生产出具有独特风味和高品质的葡萄酒。

 **味道的复合性：** 侯伯王酒庄的红葡萄酒以其层次丰富的味道著称。品尝时，你可能会首先感受到成熟的黑果味，如黑莓和黑加仑，紧随其后的是烟熏橡木、雪松和香料的细腻香气，这些味道在口中交织，创造出一种丰富且持久的味觉体验。

 **优雅与结构：** 侯伯王的葡萄酒不仅味道丰富，还具有极佳的结构和平衡感。单宁紧致而优雅，与酒体的饱满度和酸度完美协调，使得品饮体验既丰富又细腻。

 **土壤与矿物质的影响：** 格拉夫区的独特砾石土壤赋予了葡萄酒特有的矿物质味道，酒中隐约可辨轻微的石灰和湿土的味道。

几个世纪以来，侯伯王酒庄在保持传统酿酒方法的同时，也不断引入创新技术和理念，以确保其葡萄酒始终保持最高品质。

 **古老的**　　　　 **创新的**

| 古老的 | 创新的 |
|---|---|
| 侯伯王酒庄延续着传统的酿酒方法，比如手工采摘葡萄、仔细选择果实以及使用经典的发酵技术。<br><br>传统的橡木桶陈酿仍是其酿造过程的核心，这种方法能够使葡萄酒获得更深层次的风味和更优雅的单宁。 | 侯伯王酒庄在传统酿酒技术基础上，引入了现代科技。比如使用卫星定位系统监测葡萄园的生长情况，以及利用现代化的酿酒设备保证酒质量的一致性。<br><br>酒庄采用可持续和环保的种植方法，减少农药和肥料的使用，这不仅有利于环境，也提升了葡萄和葡萄酒的品质。 |

## 白葡萄酒的王国
### ——德国

放眼全球，大部分国家都以种植红葡萄为主，但是德国，因为其特殊的气候条件，红葡萄果树在此生存较为艰难。所以，德国主要种植白葡萄树，是白葡萄酒的王国。

### 纬度太高不能酿红葡萄酒

德国是全世界最北的葡萄酒产区（北纬47度～55度），气温低，这限制了红葡萄树的种植，只能少量地种植黑皮诺、葡萄牙人、莫尼耶皮诺等。

### 大量酿制白葡萄

于是，德国只能大面积种植白葡萄树，这也使得德国种出了世界上最好的雷司令葡萄，无人能及。

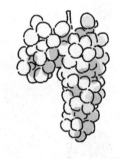

纬度再高一些，葡萄成熟不了。

80°N

60°N

40°N

20°N

0°

20°S

同时，德国所产的白葡萄酒清新可口，酸度新鲜有活力，丰富又细腻，果香诱人，在葡萄酒界占据着重要地位！

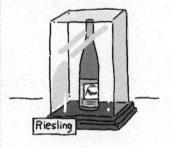

Riesling

**雷司令——德国制造**

雷司令起源于德国。1435 年的 3 月 13 日，德国约翰四世伯爵的存货清单上记录了他曾购买过六棵雷司令葡萄树，这是有关雷司令最早的文字记载。如今，雷司令是德国最普遍的葡萄品种，德国也是全球雷司令最大的产区，拥有着全世界 65% 的雷司令。

## 挑剔的生长环境

阳光充足

多岩石土壤

少雾或多雾环境

一株雷司令要生长得好，以上条件都要满足。呼，真挑剔啊！

天气寒冷

雷司令对生长环境的要求很高，很多地方都不具备这种矛盾的环境。德国以其寒冷的气候、适合的光照，外加砂质黏土等，占据着天然优势，别的国家很难与之抗衡啊！

# 雷司令——超优质的白葡萄酒

说到雷司令，真是一款让人无法不激动的酒，它的很多优点让它成为白葡萄酒中的翘楚。845年，英国维多利亚女王赴莱茵高进行访问，德国用雷司令招待维多利亚女王，女王如获至宝，并把这种葡萄酒称为"豪客"（"Hock"）。至今在英国，人们人仍用"豪客"来称呼雷司令。

**1** 雷司令的风格多变，从干型葡萄酒到甜酒，再到顶级冰酒，还有贵腐酒，各种类型应有尽有。

**2** 雷司令属于芳香型葡萄品种，有着馥郁的花果香气，哪怕是干型雷司令白葡萄酒也会散发出甜蜜的气息。陈年后的雷司令可能会呈现出独特的"汽油味"。这是它身上富有争议的情况。

干型和半干型雷司令适合搭配鱼类、肉类饮用。

甜型的雷司令是搭配甜点的不错选择。

## 普朗酒庄日晷园珍藏雷司令半甜白葡萄酒

产自以甜酒闻名的德国百年名庄普朗酒庄。

花香明显，咸鲜中带有一点打火石的感觉，可以完美感受"矿物感"，酸甜平衡好，陈年后复杂多变。

这是几款不错的雷司令，推荐给大家，采来尝尝吧！

## 约翰山雷司令半干白葡萄酒

产自世界上第一个酿造雷司令葡萄酒的酒庄——约翰山酒庄，是德国雷司令的发源地。

## 哈梅尔仙女星干型白葡萄酒

结构平衡，酸度清脆，带有黄色水果、打火石矿物的质味，颜色呈浅柠檬黄色。

## 德国的葡萄酒女皇

德国葡萄酒女皇可不是指德国的某种葡萄酒，而且德国宣传葡萄酒文化的一种方式。从1949年开始，每年葡萄酒农场或生产商的女儿都可以被选作当年该产区或城市的葡萄酒公主，再从中选出作为其联邦范围内的德国葡萄酒女皇。

### 葡萄酒女皇的选举条件

- 年满18岁，未婚。根据传统，在当选女皇的一年内不得结婚，这意味着女皇在一年之内要重度参与葡萄酒事业。
- 必须来自葡萄酒生产世家或受过完整的葡萄种植学、酿造学等专业教育。

### 葡萄酒女皇的工作范围

- 主持德国葡萄酒重要活动的开幕式。
- 接受新闻采访，参加各地的葡萄酒品酒会。
- 代表德国外出访问，推动国家葡萄酒业的发展。

## 葡萄酒的"亲戚" ——葡萄牙

葡萄牙是古老的葡萄种植国之一，不仅有很多独有的葡萄品种，而且有着悠久的葡萄种植和葡萄酒酿制的历史。

公元前 200 年左右，是的，又要说到罗马人了。当时，罗马帝国的军队进入了杜罗河谷，将种植葡萄和酿造葡萄酒的方法带入了葡萄牙，并让葡萄牙人也接受了葡萄酒的文化，从而开启了葡萄牙大规模种植葡萄和酿造葡萄酒的历史。

仔细算算，葡萄牙酿造葡萄酒的历史已经有2600多年了。如今葡萄牙从南到北遍布种植园，所以葡萄牙有一个美称，叫作"葡萄王国"。

 **波特酒（Port）**

葡萄牙最著名的是加强酒，其中最著名的是产自葡萄牙北部的杜罗河（Douro）产区的代表性葡萄酒——波特酒，主要用本地葡萄酿造。

还记得吗？加强型葡萄酒是在发酵时加入高度数酒，停止发酵而成的。

# 五种类别的波特酒

## 白波特酒 (White Port)

一般作为开胃酒饮用，颜色为金黄色，随着时间的增长颜色会慢慢变深。口感圆润，带有焦糖或者蜂蜜的香味。

## 红宝石波特酒 (Ruby Port)

属于在餐后饮用的甜酒类，是年轻的波特酒。颜色鲜艳，带有红宝石的颜色，也让它因此得名。带有新鲜的果香，酒体饱满。

## 茶色波特酒也叫陈年波特酒 (Tawny Port)

一般用来搭配餐后甜点。常常要在橡木桶里存放数年甚至数十年的时间，一般会在酒标上标注10年、20年。颜色为琥珀色或茶色。带有核桃、榛子、杏仁等坚果的香味。

波特酒的酒精含量比较高，不易氧化，所以开瓶后的波特酒只需要用软木塞塞紧即可！

一般来说，放置一周以内口感都不会发生变化，有的甚至放置一个月也没问题哦！

## 迟装瓶年份波特酒 (Quinta vintage ports)

在橡木桶里存放的时间稍长，一般为4~6年，装瓶后就进入适饮期，不需要陈年，口感会比较强烈。

## 年份波特酒 (Vintage Port)

由挑选出的最好的葡萄酿制而成，在橡木桶里存放两年以上，有的甚至要存放数十年才能成熟。因为会有酒渣产生，所以在喝的时候要记得换瓶。酒的颜色比较浓厚，口感浓郁，气味芬芳，带有李子、西梅的芳香。

# 软木之国

软木是葡萄酒行业最大的副产品，全世界每年消耗的软木塞达到了230亿支。葡萄牙被公认为软木王国，因为葡萄牙的栓皮栎种植占全世界栓皮栎种植总面积的33%，占全世界软木贸易总额的80%。在世界软木业中，葡萄牙几乎占据垄断地位。

## 软木塞的主要材料

软木塞的主要原料是栓皮栎的树皮。栓皮栎是世界上最古老的树种之一，距今约6000万年，多生长在少雨、土质贫瘠的丘陵地带。

栓皮栎的寿命在150～300年左右，一般要等到栓皮栎长到25岁才可以开始剥皮，并且第一次剥皮后要间隔9年以后才能进行第二次剥皮，所以栓皮栎一生中剥皮的次数大概在10次左右。对植物来说，挺残忍的。

## 葡萄牙的酒文化

在葡萄牙，葡萄酒文化深入人心。走在葡萄牙城市的街道中，你可以看到用葡萄藤装饰的橱窗里摆满了葡萄酒，街道的隔离带也用葡萄架隔开，葡萄酒广告随处可见，杜罗河上飘着满载橡木桶的船。

> 葡萄酒是太阳与大地之子，喝葡萄酒能够振奋精神，启发智慧！

葡萄牙人的葡萄酒消耗量非常大，人均年消耗量在 50 升以上，仅次于法国和意大利，葡萄酒已经完全融入了葡萄牙人的生活。在葡萄牙人眼中，葡萄酒不是酒，而是一种文化。

你知道吗？

## 葡萄牙与葡萄，并没有关系

葡萄牙的全称为"葡萄牙共和国"，虽然名叫葡萄牙，但是与葡萄并没有关系。葡萄牙的名字源于这个国家的第二大城市波尔图（Portugal）。

在拉丁语中，"波尔图"是温暖港湾的意思。在罗马帝国进入葡萄牙时，波尔图控制着首都里斯本和布拉格之间的交通要道，联系着和其他国家之间的商业往来。最开始葡萄牙指的只是波尔图周围地区，后来发展为全境范围；成立了独立王国以后，就采用"Portugal"作为国家的名字。14 世纪葡萄牙人来到澳门时，广东人根据粤语的发音将它翻译为"葡萄牙"。所以，"葡萄牙"与葡萄其实只是凑巧碰在了一起。

"酒香不怕巷子深""对酒当歌,人生几何?"

在中国,白酒的历史和秒赞深入人心,葡萄酒似乎只是个近现代才流行起来的新鲜玩意儿,其实不然,它的历史长着呢!

老兄,来尝尝我自酿的高粱酒,香得很呢!

老荣啊,老喝高粱酒也没意思,今天咱试试葡萄酒!

**西汉**

### 中国葡萄酒业的开始

公元前126年,张骞出使西域,带回了葡萄种植和酿酒技术,自此,中国的葡萄酒历史便正式开启了!

葡萄酒?那是洋酒,舶来品,喝起来没意思,我不喝!

**唐代**

### 葡萄酒灿烂开花

盛唐时期,社会风气开放,男女都爱喝酒。"葡萄美酒夜光杯,欲饮琵琶马上催。"当时还不设酒禁,葡萄酒业得到了快速的发展。

你这就狭隘了吧。其实,中国从几千年前就开始酿葡萄酒了。

## 中国葡萄酒发生重大转折

清代，蒸馏技术发展，烈酒成为很多人的选择，葡萄酒业低迷。直到晚清，爱国华侨张弼士建立张裕公司，才开辟了中国葡萄酒的工业化道路，是葡萄酒业发展的重要转折点。

**解放后**

## 中国葡萄酒迎来新篇章

解放后，国家为了防风固沙和增加人民的收入，在黄河故道地区大量种植葡萄，并在 20 世纪 50 年代后期建立了一批葡萄酒厂，从而掀开了中国葡萄酒发展的新篇章。

你看，葡萄酒可不是西方的"专利"！

**21 世纪至今**

## 位居全球前列的葡萄酒生产国

现在，无论是葡萄的种植、葡萄酒的酿造还是葡萄酒庄的发展都有了很大进步，拥有了众多专业产区，目前中国已经发展成为全球第六大葡萄酒生产国。

## 得天独厚的地理优势

### 幅员辽阔，纬度合适

南纬 30°～43°和北纬 30°～52°被称为酿酒葡萄的两个"黄金生长带"。而幅员辽阔的中国大地恰好处于这两个纬度带之间，这为我国的葡萄酒业的发展带来了天然优势。根据调查，目前除了中国香港和中国澳门两个特别行政区，基本均有葡萄种植。

### 合适的气候

中国的面积大，不同地区气候条件不同，刚好可以适应不同品种的葡萄生长。比如冬季温度低至零下 40℃的通化产区，夏季温度高至 45℃的吐鲁番产区，都能种出品质很好的葡萄。

### 多样的地形

中国地形复杂，可以满足葡萄种植的多样性需求。比如位于云南高原的弥勒产区、坐落在沙漠边缘的甘肃武威产区，以及四周环水的渤海湾产区等，都适宜栽培葡萄。

# 中国的葡萄品种

## 本土品种山葡萄 (*V. amurensis*)

山葡萄，又名野葡萄、黑龙江葡萄等，是一个主要生长在中国的红葡萄品种。用山葡萄酿造葡萄酒时通常采用降酸工艺处理，酿造出带有甜味的山葡萄酒，喝起来风味清醇，单宁均衡，果香四溢。

- 植株小，果粒也小。
- 果皮厚，呈黑紫色。
- 单宁多，含糖量低。
- 抗寒、抗病能力强。

通化红梅牌
山葡萄酒

沙城酒庄
龙眼干白葡萄酒

## 龙眼葡萄 (*Longyan*)

龙眼葡萄又名狮子眼、老虎眼等，在中国有着较长的栽培历史，素有"北国明珠"的美誉。早在清光绪年间，龙眼葡萄就因粒大饱满、多汁甜美而被确定为宫廷贡品。龙眼葡萄既能鲜食，也能酿酒，主要用于酿造白葡萄酒。

- 果串紧实，颗粒较大，属于晚熟品种。
- 果皮较薄，呈紫红色或深玫瑰红色。
- 果肉多汁，酸甜平衡良好。

# 中国的重要产区

## 新疆产区

"新疆葡萄甲天下"，吐鲁番的葡萄尤负盛名。以前，新疆主要是把葡萄卖给其他产区，如今也发展起了本地酒庄，比如天塞酒庄。新疆所产的甜葡萄酒极具西域特色。

我们新疆的无核白葡萄，皮薄、肉嫩、多汁、味美、素有"珍珠"的美称！

## 宁夏产区

宁夏是西北最大的酿酒葡萄基地，每年的日照时长在 3100 个小时左右，为葡萄生长提供了良好条件。但宁夏海拔高，冬天为了避免冰冻和干旱，需要把整棵葡萄树埋在土里。

## 云南产区

云南纬度低、海拔高、气候多样，上一年到第二年会有旱季，利用旱季这段时间栽培欧亚种葡萄，已成为西南葡萄栽培的一大特色。云南红是云南产区著名的葡萄酒品牌。

## 东北产区

东北产区包括北纬 45℃ 以南的长白山麓和东北平原。这里的土壤为黑钙土，较肥沃，但是冬季严寒，气候寒冷，欧洲种葡萄不能生存，而野生的山葡萄因抗寒力极强，已成为这里栽培的主要品种。

## 河北产区

河北产区主要包括怀来县沙城产区和昌黎。怀来县沙城产区是中国第一瓶干白葡萄酒的原产地，而昌黎被誉为"花果之乡"，1988 年，这里开发了中国响当当的葡萄酒品牌：长城。

## 山东产区

山东产区又叫胶东半岛产区，包括烟台、蓬莱和青岛。山东和波尔多有很多共同点，一样的纬度，都靠近海边，雨季潮湿，可谓东方的波尔多，这里葡萄酒的产量占到全国葡萄酒产量的 35% 左右。中国知名品牌张裕便来自山东。

# 重要的中国葡萄酒品牌

**长城**

GREATWALL

中国长城葡萄酒有限公司创建于1983年，坐落在河北省沙城，与法国波尔多处在同一纬度上。

**通化**

创建于1937年，产区主要在东北产区，属于通化葡萄酒股份有限公司。有着近90年的葡萄酒酿酒经验，曾多次作为国宴用酒和国家"两会"用酒。

**王朝**

DYNASTY

创建于1980年，属于中法合营王朝葡萄酿酒有限公司，主要在天津产区，是我国制造业的第一家中外合资企业，合资方为世界著名的法国人头马集团亚太有限公司。所产葡萄酒多次获奖，并远销法国、加拿大、美国、英国等20多个国家和地区。

**芬河地堡**

创建于2005年，品牌虽然年轻，但却是国际级别酒庄，集葡萄种植、加工、贸易、研发为一体。以冰酒为主打款，每年都会获得国际品醇客大奖。而冰酒堪称国内之最。

**云南红**

云南高原葡萄酒有限公司，知名红酒品牌，云南省著名商标，集葡萄种植和葡萄酒、高原葡萄玛咖烈酒生产、销售、酒庄观光旅游综合为一体的原生态健康产业集团。

**香格里拉**

创建于 2000 年，隶属于格里拉酒业股份有限公司。这些年来，香格里拉产区培育了酩悦轩尼诗"敖云""香格里拉藏秘""圣域"、帕巴拉冰酒等一批国际高端葡萄酒品牌。

**莫高**

莫高的品牌理念是"走万里丝绸路，酿千年莫高酒"。莫高最值得一尝的是莫高金冰酒，选用莫高葡萄庄园的白比诺、雷司令酿造，果香优雅，香气突出，堪称中国的"黄金液体"。

除了这些，不要忘了我们在前文中已经介绍过的张裕、加贝兰等，也是中国著名的葡萄酒品牌哦！

想要打造中国葡萄酒名片，创建世界优质葡萄酒品牌还有很长的路要走。"革命尚未成功，同志仍需努力啊！"

# 拒绝恪守成规
## ——美国

美国的葡萄酒，就像美国人民一样，有着活泼、鲜明、朝气蓬勃的特质，而且口感明朗清爽，绝不拖泥带水。正是凭着这样的特质，美国才成长为新世界葡萄酒国家的代表。

## 🍷 美国葡萄酒中的"洒脱精神"

美国的葡萄酒制度没有效仿欧洲严格的分级制度，对葡萄的品种、种植、产量和酿制方法等进行限制，而主要对命名、地理位置和范围进行定义。从品质和风格上来看，美国的葡萄酒可以分为三类。

**严谨葡萄酒**

包含了在国际上得到认可的名酒和成名较早的酒，它们集中在加利福尼亚州产区。这些酒也在一定程度上维护着美国葡萄酒的高端地位和高雅品位。

**新星酒庄酒**

主要指葡萄酒领域的后起之秀，它们也秉持着严谨的酿酒工艺，品质稳定，个性鲜明，价格相对便宜，占据着美国葡萄酒的中档位置。

**量产葡萄酒**

这类葡萄酒价格便宜，口感更大众，是美国葡萄酒销量最大的一类。

## 内容详尽的酒标

虽然保持着自由精神，但也不是毫无规矩的。美国在酒标上就做了明确且详细的规定。

【品牌商标】通常是酒庄或生产商名称

【葡萄来源地】标注葡萄来源的地区

【特别标示】酒庄的不同等级和工艺备注

【葡萄园标示】有些酒庄会选择在某些酒标上标明单一葡萄园的名称

【葡萄酒种类】可以标明葡萄品种

【年份】酒标上的年份，都是该瓶酒中葡萄收获的年份

【酒精度】可以标明葡萄酒精浓度

【生产商和装瓶商】配合前面信息一起看的背标

【酒庄装瓶】如果酿酒用料及工序都源于其自己拥有的葡萄园，就可以选标此项

阿饼，记住了。酒标越明确，采酒就越容易。

酒名：Beringer（贝灵哲酒庄）

酒商：
Private Reserve

葡萄品种：
Cabernet Sauvignon
（赤霞珠）

酒精含量：
12%

年份：2004 年

产地：
Napa（那帕谷产区）

简介：
带有黑醋栗、香草、烟草、橄榄和雪松的香味，口味丰富且浓郁，回味中有香草、摩卡咖啡和黑莓的风味。

BERINGER
PRIVATE RESERVE

2004
Napa Valley
CABERNET SAUVIGNON

ALC.12% BY VOL

**美国的重要产区**

## 加利福尼亚州产区

加利福尼亚州是美国最大的葡萄酒产区，美国 90% 的葡萄酒都来自这里。加州地处太平洋东海岸的狭长地带，海岸线较长，东部为山脉，中间为谷地，南北气候悬殊。充足的阳光照射让该地区出产的葡萄酒果味甜润，酸度和糖分比较平衡。

> 原来，加州产区还可以细分为好几个产区呢！

### 纳帕谷产区

它是加州最著名的葡萄酒产区，也是美国第一个跻身世界的葡萄酒产区。该产区所产的顶级红葡萄酒可以媲美法国波尔多顶级红酒。

### 索罗马山谷产区

该产区有"葡萄酒乡村"之称，有着众多的酒庄和葡萄品种，甚至在这里就能找到加州所有的葡萄品种。

### 俄罗斯河谷产区

该产区是黑皮诺葡萄园最集中的产区。受海雾的影响，这里的葡萄比较晚熟，但是成熟度很好，葡萄酒的果味浓郁。

## 华盛顿州产区

华盛顿的白天有着充足的阳光照射，让葡萄能够充分地生长，而寒冷的夜晚又让葡萄的酸度得以保留，让该产区出产的葡萄酒有着丰满的香味，口感浓郁，风味复杂。

## 俄勒冈州产区

这里气候较凉爽，夏季漫长而温和，秋季较潮湿，葡萄酒常带有皮革、烟草、菌类、香料等的混合型芳香，口味极佳，是法国勃艮第产区不可小觑的对手。

嘻，貌似都集中在美国西部哦！

澳大利亚幅员辽阔，地广人稀，气候类型丰富，不管是对水土多么挑剔的葡萄品种，都能在澳大利亚扎下根来。因此，澳大利亚的葡萄品种非常丰富，各种口味和风格的葡萄酒也遍地开花，葡萄酒的品种也很丰富。所以有人言："在澳大利亚总有适合你的葡萄酒！"

##  澳大利亚典型酿酒葡萄——设拉子与长相思

设拉子是一个古老的葡萄品种，原产法国，口感肥厚强劲，还常带有香料的辛辣气息。

长相思原产于法国波尔多地区，酸度重，如割过的青草一般清新，还常带有特别的"猫尿"气味。

有桑葚口味的设拉子

有辛辣野果口味的设拉子

澳大利亚人热情奔放、朝气蓬勃，面对品种如此繁多的葡萄大开脑洞，勇敢创新，常常将不同的葡萄品种混合，调配出独特的混合美味，比如通常以西拉为主要品种，辅以赤霞珠，这种混酿方式为 20 世纪八九十年代澳大利亚打开世界红酒市场撕开了一道口子。另外，起源于法国罗纳河谷的 GSM 混酿法，即歌海娜（Grenache）、西拉（Syrah）、慕合怀特（Mourvedre）葡萄品种混合酿制法在澳大利亚被发扬光大。

长相思通常会与赛美蓉成对出现，颇具波尔多混酿风范。

这种混酿方式可以使各个品种葡萄的特点相互融合，构成了葡萄酒独特的口感风格，还能使酒体更加平衡。

## 澳大利亚的四大产区

### 新南威尔士

澳大利亚最早种植葡萄的地区，风格多样。有的清新淡雅；有的浓郁饱满；有的带着水果的芳香；有的又透着蜂蜜、吐司、坚果等多层次香味。

### 南澳大利亚州

这里出产的葡萄酒占澳大利亚葡萄酒总量的一半以上。不只是产量高，而且澳大利亚最著名、最昂贵的葡萄酒几乎都产自这里，比如奔富葛兰许。

### 西澳大利亚州

它是澳大利亚面积最大的州，而葡萄酒的产量却是最少的。近年来，这里的葡萄酒产区的知名度大大提高，最有名的就是盛产勃艮第白葡萄酒的天鹅谷产区。

### 维多利亚州

它是澳大利亚葡萄酒产区的密集区，分布着大大小小几十个葡萄酒产区。这里东北部气候炎热干燥，西南部气候凉爽，气候多样，葡萄酒风格多样，有的甘甜可口，有的味重且口感浓厚。

## 澳大利亚酒王——奔富葛兰许

奔富葛兰许（Penfolds Grange）是世界上最负盛名、最受酒评家赞誉、最经典的葡萄酒之一，是大名鼎鼎的澳大利亚酒王。

## 高端品质，多次获奖

2008 年份的奔富葛兰许被国际权威葡萄酒杂志《葡萄酒观察家》给予了满分（100 分）的评价。

2013 年份的奔富葛兰许再次被《葡萄酒观察家》授予了满分评价。

2004 年份的奔富葛兰许获得了《葡萄酒观察家》98 分的评价。

## 精品混酿，精美口味

这款葡萄酒是用来自多个葡萄园，由 96% 的西拉和 4% 的赤霞珠混酿而成的，单宁强劲有力，口感浓郁，有着令人惊叹的平衡度，极具窖藏潜质。

# 异域烈焰的娇美
## ——阿根廷

阿根廷是南美洲最大的葡萄酒生产国，也是世界第四大生产国，曾有知名评酒家这样评论它"是世界上最令人兴奋的新兴葡萄酒地区之一。"美国、加拿大、巴西都是阿根廷瓶装葡萄酒的主要出口市场。

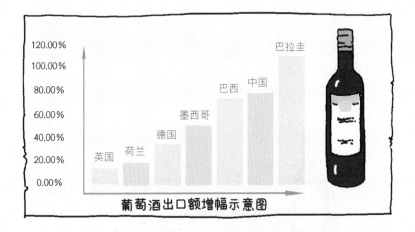

葡萄酒出口额增幅示意图

## 欧洲技术的引进

最初阿根廷牧师在做弥撒时需要用到葡萄酒，于是开始在阿根廷种植葡萄树。

后来欧洲的葡萄园受到根瘤蚜虫病的侵害，来自意大利、西班牙、德国和法国等国的移民来到了阿根廷，带来了新的葡萄品种，比如赤霞珠、品丽珠、黑皮诺、霞多丽、长相思和白诗南等。同时，他们也带来了新的葡萄种植技术和酿酒工艺，葡萄酒的质量大大提高。

**高酒精度的醉人品质**

通常大多数葡萄酒的酒精度在8.5度~14.5度，但是，阿根廷却有着广受欢迎的高酒精度葡萄酒——非加强酒。

这主要是因为阿根廷降雨少，日照时间长，葡萄成熟度好，糖分含量高，酿出的葡萄酒的酒精含量就会比较高。比如用马尔贝克（Malbec）葡萄酿出的酒口感丰富，微带辛辣味，野性十足，成为世界公认的好酒。

根据阿根廷国内葡萄酒产地的不同气候条件，可以将葡萄酒划分为不同级别：

A级葡萄酒的酒精度数不得低于12.5度。

B级葡萄酒的酒精度数不得低于15度。

A级葡萄酒与B级葡萄酒在酿制过程中不能添加任何含有酒精的物质，但C级葡萄酒允许在加工过程中加入含酒精和糖分的物质。喝酒伤身，不要一味追求高度数哦！

## 阿根廷的易拉罐装葡萄酒

软木塞也好，螺旋塞也罢，都是用于玻璃酒瓶的，但是阿根廷推出了易拉罐装的葡萄酒！

**1** 易拉罐包装可以更好地阻绝光线和空气对葡萄酒造成的影响。

**2** 同不锈钢储酒罐一样，易拉罐属于惰性密封容器，功效近似于玻璃瓶＋螺旋盖，葡萄酒能够更长久地保持香气。

**3** 易拉罐包装比传统的玻璃瓶体积小、重量轻，更易于携带，搬运或者运送的时候不用担心酒瓶破裂。

**4** 开瓶方便。无需专门的工具，一拉就开，再也不用担心想喝酒却找不到酒刀啦！

创新尖子生
——南非

南非，地处非洲最南端，有着"彩虹之国"的美誉，是南半球最重要的葡萄酒生产国之一。

说起南非的葡萄酒，我们首先要了解一下南非的"葡萄酒之父"。

## 🍷 从药品而来的南非葡萄酒

17 世纪，荷兰发展到巅峰，成为海上霸主，大量商船通过海上航运完成商品交换。但是由于商船航行时间过长，淡水、蔬菜、水果等严重缺乏，很多船员患上了坏血病，损失惨重。

船长，我们快到好望角了。行程还没有过半，怎么办？

停船，建补给站！

因为航海周期过长，许多食物和淡水容易受到细菌感染，也有人认为不洁的饮食是败血症的诱因，所以人们会在航海途中带上葡萄酒，减少食用风险。

酒可灭菌、增加营养，预防坏血病。酒桶还可以压舱。

1659 年，开普敦迎来了一位叫作范里贝克的荷兰东印度洋公司总督，他于 1659 年 2 月 2 日收获葡萄并酿出葡萄酒。为了纪念范里贝克的功劳，他被后人奉为"南非葡萄酒之父"。

# "老藤项目"——老藤保护计划

2002 年，南非葡萄栽培者罗莎·克鲁格访问了欧洲很多葡萄产区，注意到很多年纪较大的葡萄藤。受此启发，她决定拯救和保护南非的老藤葡萄园。但是，老藤保护计划在实施过程中遇到了一些问题……

具体多大年龄的葡萄藤才算老藤？

老藤酒的价值如何在市场上体现？

怎么才能避免作假？

终于，2018 年，南非老藤计划（OVP）正式推出了老藤认证标识。只有树龄在 35 年以上，并经过 OVP 严格认证的老藤葡萄酒才能获此标识，可见其价值！

老藤认证标识

认证遗产葡萄园　　　种植于 1974 年

这个标识具有划时代的意义，在全世界各个国家老藤酒的酒标上，你只能看到老藤的字样，比如法国标作 "Vieilles Vignes"，西班牙标作 "Vinas Viejas"，但南非的老藤酒贴有 "老藤认证标识"，让老藤保护计划更有规范性。

是的。虽然老藤的果味特征和品种特性没那么突出，但却展现了更多的风土特色，口味也更浓郁复杂。

老藤真的有很高的价值吗？

# 南非的骄傲——皮诺塔吉 Pinotage

说起哪种葡萄对南非最重要，那肯定是皮诺塔吉。这个由南非自己培育的红葡萄品种，被视为南非的标志性红葡萄品种，为南非赢得了声誉，是南非的骄傲！

1925 年，南非的贝霍尔德教授在自家花园里将黑皮诺和神索（Cinsault）两种葡萄品种进行杂交，得到了第一株皮诺塔吉。

1943 年，皮诺塔吉首次被用于商业化种植。但是早期皮诺塔吉的种植和制作相对粗糙，酿出的酒带有油漆或烧焦了的橡胶味道，饱受批评。

直到 20 世纪 90 年代中期，南非皮诺塔吉协会正式成立，开始进行高端精细的种植和酿造，皮诺塔吉才扭转了自己的 "挨骂" 生涯，迎来酒生高光！

## 皮诺塔吉的典型香气

用皮诺塔吉酿造的葡萄酒颜色比较深，单宁比较重，但是酿造品类非常丰富，红葡萄酒、桃红葡萄酒，甚至是白葡萄酒的混酿都可以用到，经常带有焗香蕉甚至松露、黑色水果的芳香。

黑莓

西梅

泥土

香草

南非茶

培根

烟熏味

甘草

PINOTAGE

世界上 99% 的皮诺塔吉都种植在南非，其中它的诞生地斯斯泰伦布什（stellenbosch）很不错，带有老藤认证标识的葡萄酒更值得一尝。

# 行走酒圈的必备词汇

## 单宁

单宁是一种常见的酚类化合物，存在于植物、种子、叶子、木材等和未成熟的果实中，在红葡萄酒中含量较高，给人涩的感觉，是葡萄酒独特口味的重要来源。

## 酸度

酸度就是指葡萄酒中酸的程度，酸度高，则更加爽口。你也可以用酸度来判读葡萄酒是产自冷气候产区还是暖气候产区，冷气候产区的葡萄不容易成熟，酸度更高。

## 酒体

酒体用来形容葡萄酒入口后给人的感受。单宁高、酒精度高、甜度高、风味浓郁，则是一款饱满的酒体；单宁低甜度低、酒精度低、风味清淡，则酒体轻。

## 平衡

指葡萄酒中酸、甜、苦、单宁、桶味、酒精度等之间的关系。当各个成分之间没有哪一种特别强势，为口感造成特别突出的味觉刺激时，就是一款平衡的葡萄酒，乃上品！

## 黑色水果

黑色水果代指黑莓、蓝莓和黑樱桃等颜色偏深透黑的水果。人们常用黑色水果来形容葡萄酒的香气和味道，往往有轻微的黑胡椒味，单宁感强。

## 坚果味

具有坚果地位香气或味道。通常所谓坚果味道被更加精确地描述为烘烤的坚果、腰果、杏仁和榛子等。

## 汽油味

汽油味主要存在于雷司令葡萄酒中，陈年后比较突出，可以让雷司令的风味更加复杂。不过，这种风味有人欢喜，认为其实雷司令生长良好的体现；有人则讨厌，认为是雷司令的缺陷。

## 矿物味

品尝葡萄酒，有时我们会感受到类似白垩土味、潮湿石头味、石板岩味、燧石、钢筋水泥或者雨后尘土的味道，可以统称为矿物味，是一种很独特的风味。

## 原酒庄装瓶

以法国为例，有此标注的葡萄酒代表这瓶葡萄酒的葡萄来自酒庄自己管理的葡萄园，并且葡萄酒的发酵、陈酿和装瓶等所有酿造环节都在酒庄内进行，葡萄酒的质量有所保证。

## 熟化

熟化通常指让刚酿好的酒继续在容器中保存一段时间，也就是陈年，主要是红葡萄酒。熟化可以在橡木桶、不锈钢大桶中进行，也可以在酒瓶中进行。经过熟化，葡萄酒最大的变化就是会发展出更复杂的香气。

## RP

是指葡萄酒界的皇帝——全球最具影响力的葡萄酒评论家罗伯特·帕克（RobertM·Parker,JR）。罗伯特·帕克采用百分制，如果 RP 评分能达到 96 分及以上，那是顶级佳酿！

## JR

JR 是号称"葡萄酒王国第一夫人"的杰西斯·罗宾逊（Jancis Robinson），是首位葡萄酒贸易行业外的葡萄酒大师。杰西斯·罗宾逊采用 20 分制，如果 JR 评分能达到 18 分以上，必定超级出色！

## WS 《葡萄酒观察家》/Wine Spectator

始创于 1976 年，是美国葡萄酒权威杂志，也是目前全球发行量最大的葡萄酒专业刊物。WS 也有评分体系，由专家团队进行评分，采取百分制，95 分及以上是难得的绝佳之作。

# 不得不了解的酒圈"黑话"

## 过气
## (Wine is Dead)

"过气"指的是葡萄酒已经失去了它的生命力和风味，它不再有活跃的果香、酸度或其他令人欣赏的特性。简而言之，这瓶酒的巅峰时刻已过，它不再如初次品尝时那般迷人。

## 酒泪
## (Wine Tears)

"酒泪"是当你旋转酒杯时，杯壁上形成的小滴滴。它们反映了酒的醇度和糖分，通常含糖量越高，滑落的速度越慢。这是葡萄酒的一个小"秘密"指示器，告诉你更多关于其特性。

## 开瓶即饮
## (Pop and Pour)

并非所有的葡萄酒都需要醒酒，开瓶即饮指的是那些不需陈放、即开即饮的葡萄酒。常见于新鲜的白酒、轻身红酒和大部分桃红酒。它们主打的是年轻和新鲜的味道，为那些不愿等待的葡萄酒爱好者带来即时的满足。

## 散味
## (Blow Off)

"散味"在葡萄酒术语中指的是当葡萄酒首次打开或暴露于氧气时，可能会散发出不太愉快的气味。让酒稍微进行一些时间的通气可以帮助这些不愉快的气味散去。如果气味过于强烈或持续存在，这可能是葡萄酒的缺陷或问题的标志。

## 奶油炸弹
## (Butter Bomb)

"奶油炸弹"是葡萄酒爱好者用来形容那些极其浓郁、口感奶油的白葡萄酒，通常是指处理过的霞多丽酒。这种风味来自二次乳酸发酵和使用新橡木桶陈酿，给酒带来了强烈的奶油和香草味。

## 晕瓶
## (Bottle Shock)

"晕瓶"或"Bottle Shock"指的是葡萄酒在装瓶或运输后短暂的风味失调。这是由于葡萄酒受到震动或环境变化造成的。放置一段时间让酒恢复"平静"，通常可以帮助它回到正常状态。

## 盲品
## (Blind Goods)

"盲品"就像是葡萄酒界的隐藏身份游戏。品酒者闭上眼睛，把酒瓶的标签藏起来，仅仅依赖自己的味蕾来猜猜这是什么酒。这种方式也确保我们的判断不被品牌和价格标签左右，真正体验酒的本质味道！

## 让酒呼吸
## (Wine Breathe)

"让酒呼吸"是一个品酒中不可或缺的步骤，尤其对于那些结构丰富、单宁浓郁的葡萄酒。当酒与空气接触，其中的单宁逐渐柔和，同时释放出更多的香气和层次感。这个过程可以通过使用醒酒器来加速。